극지과학자가 들려주는
오로라 이야기

그림으로 보는 극지과학 시리즈는 극지과학의 대중화를 위하여 극지연구소에서 기획하였습니다. 극지연구소Korea Polar Research Institute, KOPRI는 우리나라 유일의 극지 연구 전문기관으로, 극지의 기후와 해양, 지질 환경을 연구하고, 극지의 생태계와 생물자원을 조사하고 있습니다. 또한 남극의 '세종과학기지'와 '장보고과학기지', 북극의 '다산과학기지', 쇄빙연구선 '아라온'을 운영하고 있으며, 극지 관련 국제기구에서 우리나라를 대표하여 활동하고 있습니다.

일러두기

• ℃는 본문에서는 '섭씨 도' 혹은 '도'로 나타냈다. 이 책에서 화씨 온도는 사용하지 않고 섭씨 온도만 사용했다. 절대온도에는 온도 앞에 절대온도라고 명시하였다. 위도와 경도를 나타내거나, 각도를 나타내는 단위도 '도'를 사용했지만, 온도와 함께 나올 때는 온도를 나타내는 부분에 섭씨를 붙여 구분하였다.

• 책과 잡지는《 》, 영화와 글은〈 〉로 나타냈다.

• 인명과 지명은 외래어 표기법을 따랐다. 하지만 일반적으로 쓰이는 경우에는 원어 대신 많이 사용하는 언어로 표기했다.

• 참고문헌은 책 뒷부분에 밝혔고, 본문에는 작은 숫자로 그 위치를 표시했다.

• 그림 출처는 책 뒷부분에 밝혔고, 본문에는 그림 설명에 간략하게 표시했다.

• 용어의 영어 표현은 찾아보기에서 확인할 수 있다.

그림으로 보는 극지과학 3

극지과학자가 들려주는
오로라 이야기

안병호, 지건화 지음

차례

2014년 3월에 하늘에서 촬영된 남극장보고과학기지 전경.
대한민국 최초의 쇄빙연구선인 아라온의 모습도 보인다.

장보고과학기지는 남극 고층대기 오로라대 안쪽에 위치하고,
겨울철에 맑은 날씨가 계속되어 오로라 관측에 유리한 환경을 가지고 있다.

• 남극장보고과학기지 제1차 월동대 월동대장 진동민 제공

미국 콜로라도 주의 덴버 시에서 발행되
는 신문《록키 마운틴 뉴스》의 1895년 9월 17일자에 다음과 같은
기사가 게재되었다. 록키 산맥에서 야영을 하던 중 자정이 조금 지
난 무렵 오로라 빛에 깨어났다. 무척 밝아 신문을 읽을 수 있었다.
몇몇 사람들은 날이 밝았기 때문에 아침식사 준비를 하자고 주장
했다. 오로라는 아침까지 지속되었는데, 마치 하늘 전체에 펴져 있
는 얇은 권층운이 거대한 산불에 반사되어 가벼운 바람에 출렁이
는 듯했다. 그 외 오로라는 멕시코 만에 위치한 뉴올리언스 시에서
도 관측이 되었다. 저녁 8시30분 경 북에서 북동쪽의 지평선에 걸
쳐 검붉은 색으로 변하면서 전 하늘로 서서히 확장되어 나갔다. 처
음에는 도시 근교에 대규모 화재가 발생한 것으로 생각되었다. 그
러나 거리로 나온 사람들은 하늘에 나타난 놀라운 장관에 입을 다
물지 못했다. 많은 사람들은 이 현상이 대재앙의 전조이거나 매우
중요한 일이 일어날 징조로 여겼다. 어떤 이들은 놀라서 기절하기

도 했고 또는 기도를 드리기도 했다. 또한 이것은 1833년에 발생했던 끔찍한 콜레라와 같은 역병을 몰고 올 전조라고 생각되기도 했다. 이는 지난 150년간 기록된 가장 강력한 자기폭풍의 결과였으며, 전 세계적으로 관측된 최초의 자기폭풍이었다.

또 다른 예로, 1859년 8월 28일과 9월 2일 두 차례에 걸쳐 아주 밝은 오로라가 관측되었다. 후자의 경우는 9월 1일 발생한 태양의 백색 플레어에서 기인한 것이었다. 영국의 아마추어 천문학자 리처드 캐링턴은 9월 1일 태양의 한가운데에 있는 매우 크고 복잡한 흑점군에서 두 조각의 희고 밝은 강력한 폭발이 5분간 지속된 것을 관측하였다. 이것이 태양 플레어에 대한 최초의 관측이었다. 런던 인근 자택 관측소에서 리처드 호지슨도 리처드 캐링턴과 독립적으로 이 현상을 목격했다. 그리고 약 17시간 후 대규모의 자기폭풍이 발생하여 48시간이나 지속되었다.

캐링턴은 두 사건 사이의 인과관계에 대해 매우 조심스럽게 다음과 같이 말했다. "한 마리의 제비가 여름이 왔음을 알리지는 못한다." 즉 1860년대까지만 해도 태양흑점과 지구자기장 그리고 오로라 발생 사이의 관계가 잘 알려지지 않은 시절이었다. 사실 1859년 캐링턴과 호지슨에 의해 관측된 백색 플레어가 결정적인 증거를 제공했지만 1930년대까지만 해도 그 관측의 중요성을 인식하지 못했다. 유감스럽게도 오늘날 우주기상으로 불리는 현상에 대

극지과학자가 들려주는 오로라 이야기

한 전체적인 그림은 인공위성의 발달과 함께 찾아온 우주시대가 시작될 때까지 그 모습을 드러내지 않았다.

태양폭발은 옛날부터 있어온 현상인데 왜 오늘날에 와서야 비로소 우리들의 관심의 대상이 되었을까? 19세기 중엽과는 달리 오늘날 인류의 생활은 인공위성을 필두로 최첨단 기기에 절대적으로 의존하고 있다. 예를 들면 우리들이 일상적으로 이용하는 모든 핸드폰이 인공위성과 직간접적으로 연결되어 있다. 그런데 태양활동이 이들 첨단기기의 성능이나 기능에 심각한 영향을 미친다는 것이 확인되었다. 향후 우리들의 삶이 첨단 기기에 의존하면 의존할수록 태양활동은 인류의 사회경제적인 측면에 한층 심각한 영향을 미치게 될 것이다. 마치 일기예보가 우리들의 일상 생활에 꼭 필요한 것과 같이 우주환경 변화에 의한 우주기상예보 역시 우리들 생활에 없어서는 안될 요소가 될 것이다.

오로라는 태양폭발로 일어나는 다양한 현상 가운데 유일하게 육안으로 관측이 가능하다. 그래서 오로라는 지구주변 우주환경의 변화를 연구하기 위한 출발점이 되는 셈이다. 특히 태양폭발로 방출된 전기를 띤 입자들이 지구 자기장의 영향으로 극지방으로 모인다. 그래서 극지방은 지구주변 우주에서 일어나는 현상의 결과가 궁극적으로 나타나는 곳이다. 우리가 극지방에 관측소를 세우고 오로라 관측 및 다양한 극지 고층대기를 연구하는 이유도 여기에 있다.

오로라

1장에서는 오로라의 현상적인 특성과 지구 대기에서 오로라가 어떻게 발생하는지에 대한 원리를 알아볼 것이다. 오로라는 우주환경 또는 우주기상 연구의 측면에서 보면 겉으로 보이는 것보다 훨씬 깊은 의미를 가지고 있는 자연현상이다. 오로라는 우주환경 및 우주기상연구에서 우리 눈으로 직접 관측할 수 있는 유일한 현상으로 우주환경의 이해를 위한 출발점이라 할 수 있다.

새끼곰이 손가락을 들어 처음 보는 듯 오로라를 가리킨다.
북극곰이 고개를 들어 하늘을 본다.

별들이 공연을 하려나 봐.
녹색 장막을 치는데.

응, 오로라가 처음 이구나.
저건 낮에 본 태양이
지구로 보내는 메시지야.

저게 태양에서 오는 거야?
무슨 얘기를 하는 건데?

지구가 얼마나 아름다운 곳인지
알게 해주려고,
하늘에 저렇게 예쁜 커튼을 치는 거야.

1 오로라에 얽힌 신화와 우리나라에서 관측된 오로라

오로라는 로마 신화에서 장밋빛 손가락과 팔을 가진 새벽의 여신으로 매일 새벽 태양이 솟아 오를 수 있도록 하늘의 문을 연다고 한다. 그리스 신화에서는 에오스라 불린다. 오로라는 초저녁부터 새벽 시간대에 걸쳐 밤중 내내 관측 되지만 가장 화려한 형태는 특히 자정 무렵에 나타나기 때문에 오로라는 마치 새벽의 도래를 알리는 전령처럼 인식되었다. 오로라는 양 극지방에서 동일하게 관측되며 북극 지방에서는 북극광 그리고 남극 지방에서는 남극광으로 불리기도 한다. 문헌에 나타난 최초의 오로라는 기원전 350년경 바빌로니아 점토판에 새겨진 북쪽 하늘이 붉게 빛났다는 문구다. 아리스토텔레스는 그의 저서 《기상학》에서 오로라는 빛을 내는 공기로 하늘의 균열, 즉 깨진 틈을 통해 방출된 것으로 기술했다. 그 당시 별들은 하늘에 난 구멍이라고 했으니까 그렇게 주장하는 것도 일리가 있었을 것이다.

로마의 철학자 세네카는 오로라를 하늘에 균열이 생기면서 횃불과 같은 불길이 뿜어져 나오는 것으로 묘사했다. 색깔은 여러 종류로 밝은 적색, 경쾌하게 움직이는 밝은 불꽃 같은 색 또는 특별한 무늬가 없는 노란색 등으로 기술했다. 성경에도 오로라로 추정되는 현상들이 여럿 기록되어 있다. 북극 지방에 사는 대부분의 에스키모와 여러 부족들은 오로라 현상을 잘 알고 있었다. 북미 대륙에 거주하는 에스키모 부족들은 휘파람을 불면 오로라가 다가오고 손뼉을 치면 물러난다고 생각했다. 또한 오로라가 소리를 낸다고 주장하는 에스키모 부족도 있었다. 어떤 에스키모 부족은 오로라는 요정들이 바다코끼리 혹은 사람의 두개골로 하늘에서 축구경기를 하는 것으로 묘사했다. 혹은 좋은 날씨의 징조로 여기기도 했다.

　　알래스카 에스키모 부족들은 오로라를 불길한 징조로 보고 외출 시에는 자신을 보호하기 위해 무기를 지니고 나갔다고 한다. 아메리카 인디언의 한 부족은 오로라를 두려워했는데 그 이유는 오로라가 죽은 적의 유령들이라고 생각했기 때문이다. 호주 원주민의 신화 에는 오로라를 하늘에서 신들이 춤을 추는 것으로 묘사한다. 여러 부족의 신화에서 오로라는 주로 사후세계와 관련되어 있다.[1]

　　중국 용의 전설은 아마도 오로라가 그 기원인지 모른다. 고대기록에는 뱀과 같이 뒤틀린 활동적인 오로라의 띠 모양을 하늘의 뱀으로 묘사하곤 했다. 유럽에서의 용의 전설 역시 그 기원이 오로라

　　　　　　　　　　　극지과학자가 들려주는 오로라 이야기

일 것으로 추정된다.

　우리나라에서도 오로라 기록은 풍성하다.《고려사》에는 일식, 흑점, 혜성, 신성, 유성 등에 관한 관측과 더불어 오로라도 자세하게 기록되어 있다. 보통 붉은 기운赤氣이라는 용어로 오로라를 표기했으며, 색, 모양, 운동, 분포를 이용해서 오로라를 기술하였다. 예를 들면, 1113년 4월 2일 "밤에 불빛 같은 붉은 기운이 나타나 서북, 동북, 남방에 흩어져 비치다 새벽에 이르러 없어졌다"*라고 기술하고 있다.《삼국사기》와《삼국유사》에 오로라 관련 기록이 있고《고려사》증보문헌비고에도 관측된 기록이 확인되었다.[2]

　관측된 오로라의 색깔은 대부분 적색으로 자기폭풍 때 중위도지방에서 관측되는 전형적인 색이다. 색깔뿐만 아니라《고려사》에 의하면 오로라가 관측된 범위를 묘사하기 위해 "하늘에 퍼졌다", "온 하늘을 가득 채웠다"라는 표현을 사용했다. 그리고 오로라의 모양을 불꽃, 무지개, 뱀, 새 등과 같은 여러 형태의 물건에 비유하기도 했다.[3] 오로라의 운동도 묘사되었는데, 예를 들면 "온 하늘에 비단폭을 펼친 듯 퍼졌다가 흩어졌다"라는 식으로 표현되었다. 그 외에도 16방위를 이용하여 오로라가 관측된 방향과 지속 시간이 기술되기도 했다.

＊　夜赤氣如火光散射乾艮離方至曉乃滅

2 오로라의 색깔

　많은 문헌에서 오로라를 마치 무지개처럼 화려한 것인 양 묘사하고 있다(그림 1-1). 그러나 이것은 오로라 색깔의 다양성 때문이라기보다는 오로라의 형태가 때로는 화려하면서도 매우 역동적으

로 변하기 때문에 받은 인상이 아닌가 생각된다(그림 1-2). 또 한가지 오해를 불러 일으킬 여지는 사진에 나타난 오로라의 색깔과 우리 눈에 보이는 색깔 사이에 다소 차이가 있다는 점이다. 왜냐하면 카메라의 이미지 센서와 우리 눈의 망막에 비친 오로라의 색깔이

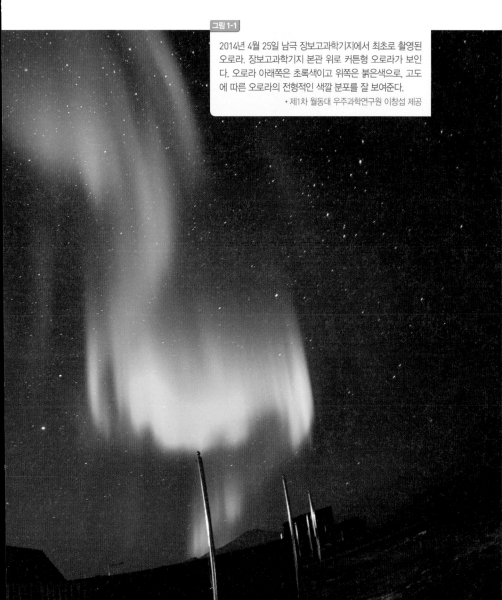

그림 1-1

2014년 4월 25일 남극 장보고과학기지에서 최초로 촬영된 오로라. 장보고과학기지 본관 위로 커튼형 오로라가 보인다. 오로라 아래쪽은 초록색이고 위쪽은 붉은색으로, 고도에 따른 오로라의 전형적인 색깔 분포를 잘 보여준다.
• 제1차 월동대 우주과학연구원 이창섭 제공

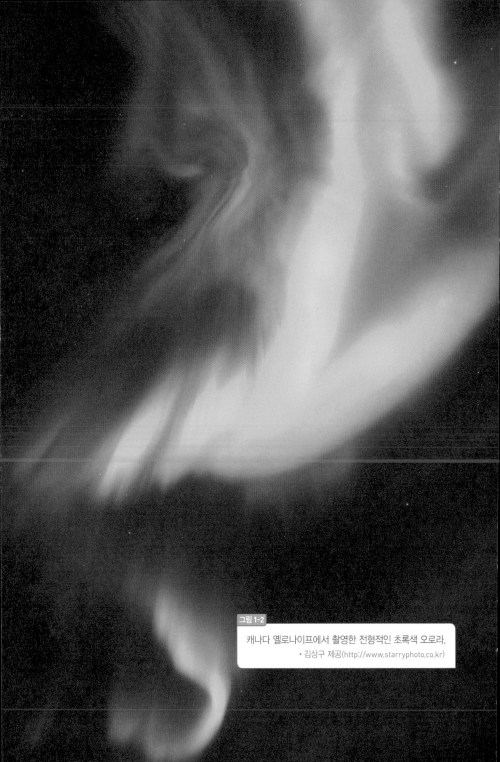

그림 1-2

캐나다 옐로나이프에서 촬영한 전형적인 초록색 오로라.

• 김상구 제공(http://www.starryphoto.co.kr)

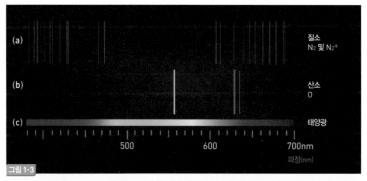

그림 1-3

오로라 스펙트럼 (a), (b)와 태양광 스펙트럼 (c)의 비교. 태양광 스펙트럼의 경우 무지개 색깔을 나타내며 연속적인 분포를 보이는 반면, 오로라 스펙트럼은 불연속적인 분포를 보인다. 오로라 스펙트럼은 크게 3종류의 기체로부터 방출된다. 즉 이온화된 질소분자가 방출하며 육안으로 볼 수 없는 자외선 영역(위, 왼쪽 보라색으로 표현된 부분), 산소원자가 방출하는 가시광선 영역(가운데, 녹색 및 적색 부분), 그리고 중성의 질소분자가 방출하는 적외선 영역(위, 오른쪽 분홍색과 적색 부분)이다

정확하게 일치하지 않기 때문이다.

그러면 오로라의 진짜 색깔은 무엇인가? 오래 전부터 많은 사람들이 생각한 오로라는 고층대기에 존재하는 얼음 알갱이들이 햇빛을 반사하여 나타난 빛이었다. 스웨덴의 물리학자 안더스 옹스트룀은 1868년에 오로라 빛을 프리즘을 통과시켜 이런 주장의 진위 여부를 확인해 보았다. 만약 그것이 사실이라면 프리즘을 통과한 오로라 빛 역시 태양광과 마찬가지로 무지개 색으로 나타나야 할 것이다(그림 1-3). 그러나 오로라의 가장 흔한 색깔인 밝은 녹색은

> 가장 흔히 관측되는 오로라는 산소원자에서 나오는 파장 557.7나노미터의 밝은 녹색이다.

무지개 색이 아니고 557.7나노미터 파장의 단일 색이라는 것이 확인되었다. 옹스트룀의 실험으로부터 반세기 이상이 지난 1925년 캐나다의 과학자 존 커닝햄 맥리난과 고든 슈럼은 오로라의 녹색이 산소원자에 의해 방출된다는 것을 증명하였다.

　대부분의 오로라는 파장이 557.7나노미터인 녹색이 가장 밝다(그림 1-4). 극히 예외적인 경우를 제외하면 대부분의 오로라는 녹색이라고 할 수 있다. 여러분이 극지방으로 오로라를 관측하러 가면 십중팔구 녹색 오로라를 보게 될 것이다. 그러나 오로라 활동이 활발할 때 촬영된 사진을 보면 녹색뿐만 아니라 적색도 확인할 수 있다. 즉 육안으로는 잘 관측되지 않지만 노출시간이 상대적으로 긴 사진에서는 붉은색이 잘 나타나는 것이다.

고도 90~150킬로미터에서는 녹색 오로라가, 그 이상의 고도에서는 적색 오로라가 관측된다.

　한편 적색 오로라 역시 산소원자로부터 방출되는데, 녹색과 섞여 나타나는 것이 아니고 높이에 따라 색깔이 다르게 나타난다(그림 1-5). 지상 90~150킬로미터 고도에서는 녹색 오로라가 주로 관측되고, 이보다 높은 고도에서는 적색 오로라가 관측된다(그림 1-6). 광원으로부터 관측지점에 도달하는 빛의 양은 거리의 제곱에 반비례하기 때문에, 오로라 광원에서 멀리 떨어져 있는 지상에서는 오로라가 희미하게 보인다. 만약 같은 정도의 밝기를 가진 적색 오로라가 녹색보다 2배 더 높은 고도에서 나타난다면 지상에서 관측되

극지과학자가 들려주는 오로라 이야기

캐나다 옐로나이프에서 촬영된 녹색오로라. 전형적인 커튼 형태
를 보여 준다. • 김상구 제공(http://www.starryphoto.co.kr)

그림 1-5

알래스카에서 촬영된 오로라. 하층부는 녹색이고 상층부가 적색을 띤다. 오로라 커튼의 상층부에서 하층부에 이르기까지 선 구조가 잘 발달되어 있다.
• ©2000~2014 Dirk Obudzinski

국제우주정거장에서 촬영된 남극 지방의 오로라. 아주 넓은 영역에 걸쳐 오로라가 나타나고 있으며, 역시 하층은 녹색, 상층은 적색을 띠고 있다.

는 밝기는 녹색 오로라의 4분의 1 수준이 될 것이다. 따라서 적색 오로라는 녹색보다 육안으로 관측하기가 쉽지 않다. 그렇지만 장시 간(약 10~30초) 노출한 사진에서는 잘 나타난다. 사진은 노출 시간 을 연장하면 집광능력을 높일 수 있지만 우리 눈은 그렇게 할 수 없 다. 이것이 사진에서 보는 오로라가 육안으로 보는 것보다 훨씬 선 명한 이유다. 그러나 적색 오로라를 촬영하기 위해 장시간 노출하면

극지과학자가 들려주는 오로라 이야기

그림 1-7

알래스카에서 촬영된 오로라. 커튼의 끝자락이 심홍색을 띠고 있다. 오로라 활동이 증가하여
고에너지 입자가 대기의 하층부까지 진입할 경우 나타나는 현상이다.

(ISO 400인 경우 10초 정도 노출) 녹색 오로라의 경우는 지상에 훨씬
가깝기 때문에 노출 과다로 희게 보이는 경우도 허다하다.

 오로라 활동이 최고조에 달하면 오로라 커튼의 최하단부가 검붉
은 빛을 띠는 경우가 있다(그림 1-7). 이것은 오로라가 보여주는 가
장 아름다운 색깔 중 하나로 중성 질소분자가 방출하는 빛이다. 오
로라는 우리 눈이 인식하지 못하는 자외선과 적외선 파장 영역에

서도 빛을 방출한다. 더욱이 파장이 적외선보다 더 긴 전파 영역과, 반대로 파장이 자외선보다 훨씬 짧은 엑스선 영역에서도 빛을 방출한다. 파장이 긴 전파, 적외선, 우리 눈이 인식하는 가시광선, 그보다 파장이 짧은 자외선 그리고 파장이 매우 짧으며 강력한 에너지를 가진 엑스선 모두를 통칭해서 전자기파라 부른다. 즉 오로라는 전자기파 전 영역에 걸쳐 빛을 방출하고 있다.

앞서 설명한 바와 같이 독자들이 극지방에 가서 오로라를 관측하면 대부분 녹색일 것이다. 책에서 본 오로라 사진과 그 색깔이 다르다고 실망할 필요는 없다. 오로라를 인식하는 방법에서 카메라와 우리 눈이 다르기 때문이다. 만약 북미나 유럽을 여행할 때 자정 부근에 극지방 상공을 비행한다면 창 밖을 통해 오로라를 관측할 수 있을 지 모른다. 기장이 친절하게 방송을 하는 경우도 있으니 기대해 볼 만하다. 물론 바깥이 어두운 경우에 해당되는 얘기다. 비행기 진행 방향에 오른쪽 혹은 왼쪽 어느 쪽에 앉는 것이 오로라를 관측하는데 도움이 될지를 탑승 전에 비행기의 항로를 염두에 두고 좌석 배정을 받으면 좋을 것이다.

3 오로라의 형태 및 분포

오로라는 일반적으로 커튼의 형태를 띠는데 초기에는 오로라의 높이에 대해 논의가 분분했으나 삼각측량에 의해 마침내 지상으로부터 대략 100킬로미터에서 320킬로미터 사이에서 발생한다는 것이 확인되었다. 경우에 따라서는 오로라 커

오로라는 고도 90~250킬로미터에서 발생하는데, 대류권보다 훨씬 높은 곳에서 일어나는 현상으로 기상현상과는 아무런 관계가 없다.

튼의 상단이 1000킬로미터 고도까지 도달하기도 한다. 따라서 오로라는 기상현상이 일어나는 대류권보다 훨씬 높은 곳에서 발생하기 때문에 구름 낀 날이나 눈비가 오면 관측이 불가능하다. 이것은 또한 오로라가 기상현상에 의한 것이 아니라는 점을 확인시켜준다. 추운 날이 따뜻한 날보다 오로라를 더 잘 관측할 수 있는 것은 추운 날은 대체로 날씨가 맑고 따뜻한 날은 흐릴 확률이 높기 때문이다. 오로라는 자주 여러 겹의 커튼으로 나타나며 심지어 5~6겹으로 나타날 때도 있다(그림 1-8).

커튼의 최하부가 가장 밝고 고도가 증가하면서 어두워진다. 이것은 앞에서 설명했듯이 오로라의 광원으로부터 관측지점까지의 거리가 멀어지면서 지상에서 관측되는 빛의 밝기가 약해지기 때문이다. 오로라 활동이 미약할 때는 오로라 커튼은 북쪽 지평선을 따라 동서 방향으로 희미한 띠 모양으로 나타난다. 이 경우 오로라를 처음 보는 관측자는 오로라인지 낮게 드리운 구름인지 잘 구분하지 못한다. 그러나 오로라 활동이 증가하면 커튼의 특징인 세로 줄무늬(그림 1-9 참조)와 그리고 가로 방향으로 커튼 아래 자락을 따

그림 1-8

알래스카에서 촬영된 다섯 겹의 오로라 커튼. 비록 여러 겹으로 구성된 오로라지만 각각은 모두 전형적인 오로라 커튼의 형태를 보여 주고 있다.

• ©2000~2014 Dirk Obudzinski

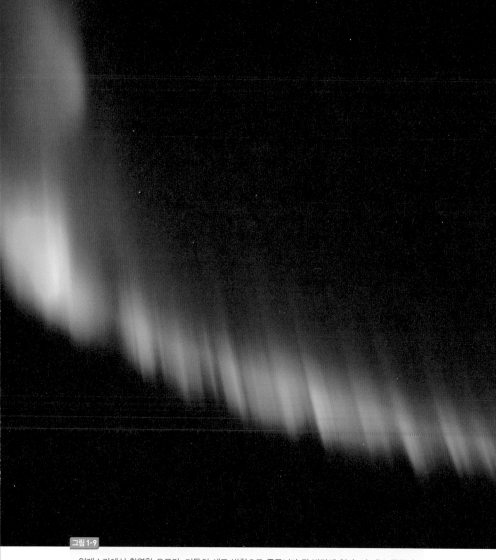

알래스카에서 촬영한 오로라. 커튼의 세로 방향으로 줄무늬가 잘 발달해 있다. 이 세로 줄무늬 선이 바로 그 지방의 자기력선의 방향을 나타낸다.　　　　　• ©2000~2014 Dirk Obudzinski

　　　　　　　　　　　　　　　　극지과학자가 들려주는 오로라 이야기

라 주름(그림 1-10 참조)이 나타난다. 또한 사진이 아니고 실제로 오로라를 관측하거나 오로라 동영상을 보면 세로 줄무늬들이 반짝거리는 것처럼 보인다. 이것은 마치 비가 오는 어두운 저녁 자동차 전조등에 비친 빗줄기의 모습으로 비유할 수 있다(그림 1-5와 그림 1-9). 이 선이 바로 그 지방의 자기력선의 방향을 나타낸다. 즉 하전입자들이 상층에서부터 자기력선을 따라 유입되기 때문에 오로라가 선 구조를 나타내는 것이다.

대형 극장 무대에 설치된 커튼은 관측자의 원근에 따라 그 모습이 다르게 보인다. 오로라의 모습도 마찬가지다. 멀리서 보면 커튼 모양으로 보이지만 점점 가까이 다가가면 커튼의 모양이 다르게 보인다(그림 1-11). 오로라 커튼이 관측자 바로 머리 위에 오면 커튼은 천정 방향에서 방사선 모양으로 퍼지는 것처럼 보인다. 직선 기차 길을 따라 양쪽으로 나란히 설치된 전신주와 선로를 바라보면 마치 지평선의 한 점에 수렴하는 것 같이 보인다. 오로라의 경우도 마찬가지다. 이런 오로라를 코로나라고도 부른다(그림 1-12). 따라서 관측되는 오로라의 모양은 그 형태 자체의 다양성 때문이 아니고 대부분 오로라 커튼을 보는 위치에 의해 결정되는 것이다.

오로라는 극지방에서만 볼 수 있고 극점에 가까이 갈수록 잘 보인다고 알려져 있지만 사실 오로라는 극점 주변에 모여 있는 것이

> 오로라의 모양은 보는 위치에 따라 그 모양이 크게 다를 수 있다. 커튼 모양도 있지만, 방사상으로 퍼져 보이기도 한다.

그림 1-10

캐나다 옐로나이프에서 촬영한 오로라. 오로라 커튼의 아래쪽 자락을 따라 주름이 잘 발달해 있다. • 김상구 제공(http://www.starryphoto.co.kr)

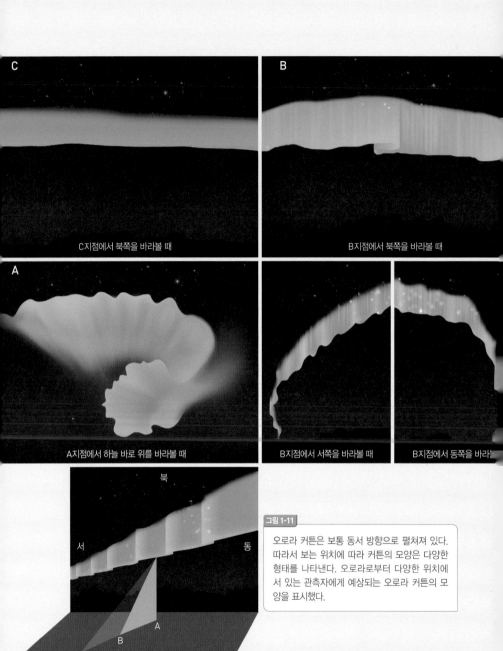

C지점에서 북쪽을 바라볼 때

B지점에서 북쪽을 바라볼 때

A지점에서 하늘 바로 위를 바라볼 때

B지점에서 서쪽을 바라볼 때

B지점에서 동쪽을 바라볼

북

서

동

A

B

C

그림 1-11

오로라 커튼은 보통 동서 방향으로 펼쳐져 있다. 따라서 보는 위치에 따라 커튼의 모양은 다양한 형태를 나타낸다. 오로라로부터 다양한 위치에 서 있는 관측자에게 예상되는 오로라 커튼의 모양을 표시했다.

34

아니다. 미 항공우주국의 인공위성 폴라가 북극지방 상공에서 지구를 내려다 보고 찍은 그림 1-13처럼, 오로라는 지구의 자전축에 해당하는 극이 아니고 지자기극을 중심으로 일정

오로라는 지자기극을 중심으로 일정한 거리만큼 떨어져 원에 가까운 타원체를 이루며 빛나고 있다. 이를 오로라 타원체라고 한다.

한 거리만큼 떨어진 원에 가까운 타원체를 따라서 빛나고 있다. 이것을 오로라 타원체라고 부른다. 물론 대칭적으로 남반구에도 나타난다. 따라서 지상에서 관측할 경우 오로라 타원체보다 남쪽에 위치한 관측자는 오로라 커튼이 북쪽 하늘에 동서방향으로 펼쳐져 있는 것처럼 보일 것이다. 한편, 타원체보다 북쪽(남반구에서는 남쪽)에 위치한 관측자에게는, 즉 오로라 타원체 안쪽에 있는 관측자에게는 커튼이 남쪽(북쪽) 하늘에 나타날 것이다. 하지만 타원체로부터 남북 방향으로 너무 멀어지면 오로라를 관측할 수 없게 된다. 이와 같은 이유로 무조건 남북극점에 접근한다고 해서 오로라를 더 잘 관측할 수 있는 것은 아니다.

그림 1-13은 인공위성이 지구 반경의 6배나 되는 높이의 북극 상공에서 촬영한 오로라 사진이다. 여기서 낮 영역은 왼쪽 밝은 부분이고 오로라 타원체의 두께가 가장 굵은 곳이 자정 부근이다. 타원체의 두께가 두껍다는 것은 그만큼 오로라 발생영역이 넓다는 의미이고 실제로 자정 무렵에 오로라가 가장 잘 관측된다. 또한 이 사진은 오로라의 형태가 관측자가 있는 지역의 시간대에 따라 달리 보인다

그림 1-12

알래스카에서 촬영한 오로라. 오로라 커튼 바로 아래에서 관측했을 때의 모습이다. 커튼을 구성하는 무수히 많은 줄무늬들이 고층에서 나란하게 지상으로 향한다면 원근법의 원리에 의해 지상에서는 마치 한 점으로 수렴하는 것처럼 보인다. 이런 형태의 오로라를 코로나라고도 부른다.

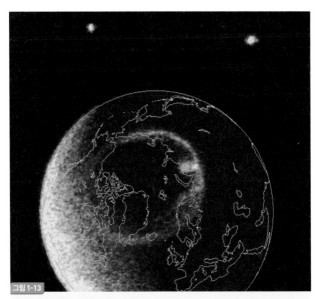

그림 1-13

인공위성 폴라가 북극지방 상공에서 지구를 내려다 보고 찍은 오로라. 오로라
는 지자기극을 중심으로 원에 가까운 형태로 분포하는데 이것을 오로라 타원체
라 한다. 왼쪽의 밝은 부분은 낮 영역이고 오른쪽 어두운 부분은 밤 영역을 나
타낸다. 대륙의 윤곽은 촬영 후 컴퓨터로 합성한 것이다. 오로라는 자정 무렵이
가장 밝게 보인다는 것을 확인할 수 있다.

는 점을 보여주고 있다. 자정 부근에 나타나는 오로라는 아침이나
저녁 시간대에 나타나는 오로라와 다르다. 인공위성으로부터 전지
구적 오로라 분포를 얻기 전인 1950년대만해도 시간대에 따라 오
로라의 분포나 형태가 모두 같은 줄 알았다. 그러나 국제지구물리
관측년 동안 알래스카대학의 시드니 채프먼과 아카소푸 슌이치 연

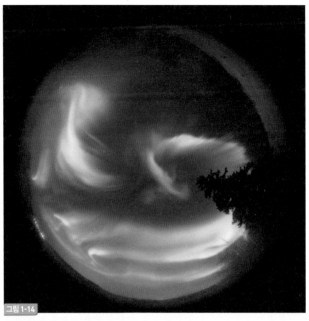

어안렌즈를 장착한 전천카메라로 찍은 오로라 영상. 가운데는 코로나 형태의 오로라가 주변에는 여러 겹의 오로라 커튼이 보인다. 가장자리에 지평선을 확인시켜주는 나무와 집들이 보인다. •김싱구 제공(http://www.starryphoto.co.kr)

구팀은 시베리아를 비롯한 북극지방 전역에서 어안렌즈(그림1-14 참조)를 장착한 다수의 전천카메라*를 이용해서 오로라를 관측한 결과, 전지구적인 오로라의 분포와 변화양상을 규명할 수 있었다.

✱ 원래 전 하늘의 구름형태를 관찰하기 위해 도입된 카메라.

심지어 오로라는 한낮에도 발생하지만 밝은 햇빛 때문에 볼 수 없을 뿐이다. 실제 인공위성사진에서는 낮 영역에도 오로라 타원체(이 경우 자외선 촬영)가 뚜렷이 나타나 있음을 알 수 있다. 오로라 타원체는 오로라 활동에 따라 지자기극을 중심으로 수축하거나 팽창한다. 참고로 북반구의 지자기극은 지구 자전축으로부터 캐나다 쪽으로 약 11도 정도 벗어나 있다. 오로라 활동이 미약할 때는 자정 무렵에 관측하면 지자기극으로부터 20도 정도까지 수축하고 반대로 오로라 활동이 강화될 때는 적도 방향으로 40도까지 팽창하기도 한다. 즉 수축할 때는 오로라를 관측하기 위해 더 북쪽으로 가야 하지만 반대로 팽창할 때는 더 남쪽에서도 오로라를 관측할 수 있다는 뜻이다. 앞에서 소개한 1859년에 발생한 자기폭풍 때는 오로라 타원체가 멕시코 만까지 확장된 경우였다. 반대로 오로라 활동이 미약할 경우는 타원체가 북쪽으로 수축하므로 중부 알래스카에서도 오로라를 볼 수 없다. 이것은 오로라가 발생하지 않아서가 아니고 오로라 발생 지역이 지자기극 방향으로 수축했기 때문이다. 한편 지구는 자전축 주위로 회전하는 반면 오로라 타원체는 지자기극을 중심으로 발달하기 때문에 오로라 타원체의 두꺼운 부분이 반드시 자정에 나타나지는 않는다. 위도와 경도에 따라 다르지만 타원체의 두꺼운 부분과 자정 사이에는 약 1~2시간 정도의 차이가 나기도 한다.

아카소푸 슌이치는 전천카메라 사진을 분
석한 결과 오로라는 매우 역동적으로 변화하
지만 그 변화는 일정한 형태로 반복된다는 사

<aside>
오로라 서브스톰은 축적된 에
너지가 짧은 시간 내에 전기방
전이라는 형태로 방출되는 현
상이다.
</aside>

실을 확인하였다. 오로라 활동이 매우 미약할 경우 오로라는 북쪽
지평선을 따라 동서 방향으로 희미한 띠 모양을 나타낸다. 그러나
자정 부근의 띠가 갑자기 밝아지는 것을 신호로 오로라 활동이 강
해지고 이어 띠는 커튼 형태로 발달하면서 극쪽으로 팽창하기 시작
한다. 그리고 커튼을 따라 세로 방향으로 줄무늬가 생긴다(그림
1-5와 그림 1-9 참조). 또한 여러 겹의 커튼이 생기고 커튼에는 물결
모양의 주름이 생긴다(그림 1-8와 그림 1-10 참조). 이로 인하여 자
정 부근에서는 인공위성의 사진처럼 오로라 타원체가 부풀려진 것
처럼 보인다. 이 물결 모양의 오로라가 서쪽 하늘로 이동할 때 장
관이 연출된다. 오로라가 최상으로 발달하는 시점에 코로나 형태
의 오로라(그림 1-12와 그림 1-14 참조)가 관측되며, 이런 현상을
오로라 붕괴 또는 폭발이라 부른다. 그리고 오로라 커튼의 하단은
심홍색(그림 1-7 참조)을 띤다. 그 후 오로라 커튼의 주름은 사라지
고 커튼 자체는 남하하여 이전의 위치로 되돌아 간다. 이와 같은
과정은 약 한 두 시간 정도 지속된다. 아카소푸는 이런 일련의 과
정을 오로라 서브스톰이라고 불렀다. 이것은 매우 중요한 발견으
로 향후 우주과학에서 핵심적인 기본 개념 중의 하나가 되었다. 오

로라 서브스톰은 태양활동이 증가하면 더 자주 발생하는 것으로 알려져 있다. 태양활동 극대기에는 하루 저녁에도 서너 차례 일어나기도 한다. 그러나 태양활동이 미약할 때는 오로라는 대체로 그냥 북쪽 지평선을 따라 희미한 녹색의 띠로 나타날 뿐이다.

화산지대에서 흔히 볼 수 있는 간헐천은 순간적으로 뜨거운 물과 수증기가 함께 분출되는 현상을 말한다. 지표 부근에 동굴 형태의 폐쇄된 공간이 존재한다면 화산지대의 경우 뜨거운 지열로 인하여 지하수가 가열되면서 동굴 안의 수증기 압력이 증가하게 된다. 동굴 안의 수증기압은 무한정 증가할 수는 없고 어떤 한계치에 도달하면 폭발적으로 방출하게 된다. 분출 후 압력이 다시 증가하면 또 다른 분출이 일어난다. 그래서 비교적 주기적으로 분출현상을 관찰할 수 있다. 오로라 서브스톰 역시 축적된 에너지가 짧은 시간 내에 전기방전이라는 형태로 방출되는 현상이다. 오로라 서브스톰 방출은 물과 수증기 대신 주로 양성자와 전자로 구성된 고에너지 입자가 1~2시간에 걸쳐 양 극지방으로 쏟아져 들어오는 현상을 말한다. 이 때 극지 고층대기에서 오로라를 일으키는 것은 주로 전자들이다.

고무줄에 힘을 가하면 늘어난다. 가한 힘은 고무줄의 탄성에 거슬러 작용하여 고무줄을 늘어나게 했기 때문에 일을 한 것이 된다. 이렇게 형성된 일을 탄성에너지라고 부르며 고무줄에 축적된다.

이 축적된 에너지는 일종의 위치 에너지로, 늘어난 고무줄을 놓으면 운동에너지의 형태로 다시 방출된다. 그런데 고무줄은 탄성 한계가 있기 때문에 무한정 늘어나지 않고 어떤 임계값에 도달하면 끊어지면서 순간적으로 에너지를 방출한다. 지구의 자기장과 태양풍의 상호작용으로 자기권(4장에서 설명)이 형성되며 그 내부에도 에너지가 축적된다. 자기권 역시 에너지를 저장할 수 있는 한계가 있어 그 한계를 넘으면 에너지를 폭발적으로 방출한다. 이것을 자기권 서브스톰이라 하며 이 때 방출된 에너지의 일부가 지구의 자기력선을 따라 양 극지방에서 유입되면서 오로라 서브스톰이라는 형태로 나타난다. 이와 같은 자기권에서 발생하는 에너지의 축적과 방출 과정은 태양활동이 증가함에 따라 더 빈번하게 일어난다. 이것이 바로 태양활동이 증가하면 더 자주 오로라를 관측할 수 있는 이유다.

그러면 오로라는 얼마나 자주 관측될까? 이는 이미 지적한 바와 같이 관측자의 위도와 관련된 문제다. 통계에 의하면 북극지역에서 오로라가 가장 많이 관측되는 지점은 북극해에 접한 알래스카의 북쪽 지방, 그리고 동일 위도의 캐나다 북부 지방, 시베리아 북쪽 해안지대, 스칸디나비아 반도 북단, 그린란드 남단으로 1년에 243일 정도 관측이 가능하다. 오로라 관광으로 유명한 캐나다의 옐로우나이프는 200일 이상의 관측이 가능한 지역이다. 지자기극이 캐나다

극지방을 관측하기 위한 국제적인 노력의 일환으로 1882~1883
년과 1932~1933 두 차례에 걸쳐 국제극지연구년이 수행된 바 있
다. 그 후 2차 세계대전의 종료와 함께 연구의 연속성이 제기 되면
서 새로운 국제공동연구계획이 수립되었다. 시드니 채프먼을 비
롯한 몇 명의 저명한 과학자들은 미국 물리학자 제임스 반알렌 교
수의 집에서 있었던 회의에서 국제지구물리관측년을 실시하기로
결정했다. 마침 태양활동 극대기를 맞이하여 지구과학의 11개 연
구분야가 선정되었는데, 여기에는 오로라, 대기광, 우주선cosmic
ray, 지구 자기장, 중력, 전리권, 경위도 측정(측지), 기상학, 해양
학, 지진, 태양활동이 포함되었다. 1957년 7월부터 1958년 12월
까지 1년 반 동안 진행된 연구에 전세계 67개국이 참가하였다.

소련의 스탈린 사망 이후 동서 해빙 무드 속에 탄생한 이 연구는
전 세계적인 주목을 받았다. 그 당시 매우 인기가 높았던 화보잡
지인《라이프》가 이 연구과제에 대한 특집을 마련하기도 했다. 이
때 참가국의 국기를 두른 지구가 잡지의 표지로 사용되었는데, 당
시 우리나라 문교부 관계사가 태극기는 없는데 북한의 인공기가
게재된 것을 보고 한바탕 소동을 벌인 적이 있다. 아시아 국가 가
운데 유일하게 불참한 나라가 한국이었으니 소동이 벌어질 만했
다. 참으로 우리나라 과학의 위상을 보여준 뼈아픈 사건이었다.
참고로 중국은 대만이 참가하는데 대한 불만의 표시로 참여하지
않았다. 그로부터 반세기가 지난 지금 우리는 남극에서 세종기지
를 26년간 운영하고 있고, 최근에는 장보고기지를 건설하여 세계

에서 열 번째로 남극에 2개의 상설기지를 운영하는 국가가 되었다(물론 북극 지역에도 2002년부터 다산기지를 운영하고 있다).

이 연구기간 중에 지구 주변 우주환경을 탐색할 목적으로 인류 최초의 인공위성이 발사되었다. 소련은 1957년, 볼셰비키 혁명 기념일인 10월 4일에 스푸트니크 1호를 발사했다. 미국도 4개월 후인 1958년 2월 1일 익스플로러1호의 발사에 성공하였다. 드디어 우주시대가 막을 올린 것이다. 뿐만 아니라 우주경쟁에서 소련에 한 발 뒤진 미국은 이 일을 계기로 국립항공우주국NASA을 설립했다. 국제지구물리관측년은 인류가 국제 공동으로 수행한 가장 성공적인 연구 사례 중 하나였고, 그 후 눈부신 지구과학 발전의 초석을 다지는 계기가 되었다. 지구 주변 반알렌대의 발견뿐 아니라 판구조론을 입증하는 데 결정적인 단서를 제공한 해저 대산맥의 발견 등 많은 새로운 사실들이 이 연구를 통해 밝혀졌다.

그림 1-15
국제지구물리관측년 상징

북쪽에 위치하므로 북미대륙 전체가 아시아 지역에 비해 지자기극에 비교적 가깝다. 따라서 동일 위도라 하더라도 북미대륙 쪽에서 오로라가 관측될 확률이 아시아 쪽보다 훨씬 높다. 예를 들면 뉴욕은 5일, 샌프란시스코는 1일 정도의 관측 확률을 보이지만, 동일한 위도인 서울의 경우 관측이 거의 불가능하다. 일본 홋카이도 북단의 경우에도 10년에 한 번 정도로 추정되고 있다. 태양활동 주기가 대체로 11년인 점을 고려하면 그 확률은 한 주기에 한번 꼴로 관측이 가능하다는 뜻이다. 옛날에는 우리나라에서도 오로라가 관측되었는데 지금 안 되는 이유는 2장에서 살펴보기로 한다.

4 오로라의 발생 원리

오로라는 자기권에서 공급된 고에너지의 양성자와 전자, 특히 전자가 고층대기의 구성입자들과 충돌해서 빛을 내는 방전현상이다. 이 원리는 네온사인의 발광원리와 유사하다. 진공상태인 유리관에 소량의 네온 기체를 주입하고 고압의 전압을 걸어주면 음극(-)에서 전자가 방출된다. 이 전자들은 고전압으로 인해 양극(+)으로 가속되는 도중에 네온원자와 충돌하면서 독특한 붉은 빛을 방출한다. 네온 대신 아르곤 기체를 넣으면 청색 빛을 방출한다. 네온과 아르곤이 방출하는 빛의 색깔이 다른 이유는 각 원자 내 전자들이 갖는 고유의 에너지가 다르기 때문이다. 이것을 전기방전이라 하는데, 오로라 역시 자기권에서 가속되어 고층대기에 도달한 전자들이 주변 원자나 분자와 충돌해서 일으키는 방전현상이다. TV의 브라운관 역시 동일한 원리에 의해 빛을 낸다. 브라운관 후면에 설치된 전자총에서 전자가 고전압에 의해 가속되어 형광물질을 칠한 브라운관과 충돌하면서 빛을 내는 것이다.

자기권으로부터 공급된 높은 에너지의 전자가 하강하면서 고층대기의 구성입자들과 충돌한다. 오로라가 발생하는 고층대기는 주로 질소분자와 산소원자로 구성되어 있다. 지상이나 저층대기와는 달리 고층대기 중 산소는 태양에서 나오는 자외선에 의해 주로 원자상태로 존재한다. 산소와는 달리 태양의 자외선은 질소분자를 해리시킬 만큼 에너지가 강력하지 못하기 때문에 대기의 대부분을 차지하고 있음에도 불구하고 질소는 원자가 아닌 분자상태로 존재한다. 한편 강력한 에너지를 가진 전자는 충돌시 질소분자를 이온화시킨다. 이온화된 질소분자는 자외선 및 극자외선(391.4나노미터)의 빛을 방출한다. 한번 충돌로 전자는 오직 소량의 에너지만을 소모하기 때문에 하강하는 동안 계속해서 다른 질소분자를 이온화시키고 마침내 에너지를 모두 소진한 후 하강을 멈춘다. 대부분의 전자는 지상으로부터 대략 90킬로미터까지

> 자기권에서 공급된 전자는 고층대기의 질소분자와 산소원자와 충돌하여, 질소분자를 이온화시키고, 산소원자와 충돌하여 녹색과 적색 빛을 방출한다.

하강한다. 오로라 커튼의 바닥 높이가 여기에 해당한다. 질소분자가 이온화될 때 방출된 부차적인 전자도 상당한 에너지를 갖는다. 이 전자들과 충돌한 산소원자는 녹색이나 적색을 방출한다.

고층대기 중 산소원자나 질소분자는 전자와 충돌하면 어떻게 빛을 내는 것일까? 먼저 위치 에너지의 개념을 이해할 필요가 있다. 가령 방 바닥에 공이 있는데 이것을 들어 올려 책상 위에 올려놓기 위해 우리는 일을 해야 한다. 그렇게 책상 위로 공을 옮겼다면 우리가 한 일은 도대체 어디로 갔을까? 이것은 공을 아래로 끌어 당기는 중력에 거슬러 공을 움직였기 때문에 일을 한 것이고 그것은 책상 위에 올려져 있는 공에 잠재되어 있다. 위치에너지란 바로 이 잠재된 에너지를 말하며 위치의 변화를 수반한다. 잠재된 에너지는 공이 바닥으로 떨어질 때 다시 방출된다. 즉 이 위치에너지는 공이 책상 아래로 떨어지면서 방출된다. 다시 말하면, 위치에너지가 운동에너지로 방출되면서 공은 가속된다. 폭포에 설치된 수력발전소는 바로 높은 곳의 물이 가진 잠재 에너지(즉, 위치에너지)가 아래로 떨어지면서 운동에너지로 방출되고, 다시 이를 전기 에너지로 바꾸는 곳이다. 공을 책상 위로 들어 올리는데 일을 한다는 것은 무슨 의미일까? 중력을 거슬러, 혹은 일반적으로 어떤 힘을 거슬러 물체를 이동시키려면 일을 해야 한다는 것을 의미한다. 평지에서 수레를 끌 때 일을 해야 하는 이유는 수레와 바닥 사이의

극지과학자가 들려주는 오로라 이야기

마찰력을 극복해야 하기 때문이다. 같은 수레라 하더라도 빙판에서 끌기 쉬운 이유, 혹은 일을 적게 해도 되는 이유는 그만큼 마찰력이 적기 때문이다.

전자들이 원자핵 주위를 공전하는 이유는 양전하를 가진 핵이 음전하를 가진 전자를 전기적인 인력으로 붙잡고 있기 때문이다. 지구가 태양의 인력에 의해 태양 주위를 공전하는 것과 같은 이치다. 따라서 전자를 전기적인 인력을 거슬러 핵으로부터 더 멀리 보내기 위해서는 에너지(또는 일)를 가해야 한다. 바닥에 있는 공에 많은 일을 가할수록 더 높은 곳으로 이동시킬 수 있는 것처럼 전자도 에너지를 많이 받을수록 원자핵으로부터 더 멀리 떨어져서 공전하게 될 것이다. 즉 잠재에너지가 더 커질 것이다. 만약에 이 잠재에너지가 충분히 커지면 전자는 원자핵의 속박에서 완전히 벗어나게 될 것이다. 이를 이온화라고 한다 마치 지상에서 지구의 중력으로부터 인공위성을 완전히 벗어나게 하려면 엄청난 일을 할 수 있는 거대한 로켓이 필요한 것과 같은 이치다.

이제 고층대기를 구성하는 원자나 분자가 자기력선을 따라 하강하는 전자(하전입자와 자기장의 상호 작용은 4장 참조)와의 충돌로 에너지를 얻는 경우를 생각해 보자. 원자핵 주위를 도는 전자에게 에너지를 가하면 핵으로부터 더 멀리 있는 위치까지 이동할 수 있다. 그런데 원자의 세계에서는 전자가 올라갈 수 있는 높이(원자핵으로부터 떨어진 거리)가 불연속적으로만 존재한다. 이것을 에너지가 양자화되어 있다고 한다. 원자가 외부로부터 에너지를 전혀 받지 않은 상태에서 전자는 가장 낮은 에너지 상태인 제1계단에 머물 것이다. 이것을 바닥상태라고 한다. 전자가 에너지를 조금 받으면 제2계단으로 올라갈 것이다. 그러나 에너지가 양자화되어 있기 때문에 받은 에너지가 제2계단으로 올라갈 만큼 충분하지 않으면 전자는 에너지를 흡수하지 않고 그냥 바닥상태에 머물고 만다. 물론 에너지가 충분히 크면 제2계단으로 이동하고, 더 큰 에너지를 받으면 더 높은 계단으로 올라간다. 이런 에너지 계단을 에너지 준위라 한다. 이 에너지 준위에는 중요한 특징이 있다. 전자는 에너지 준위들 사이, 즉 계단과 계단 사이에는 머물지 않는다는 사실이다. 이것이 에너지준위가 양자화되어 있다는 의미이다. 그리고 전자가 외부에서 에너지를 받아서 높은 에너지 준위에 올라가 있을 때를 들뜬상태라 한다.

그러나 무릇 모든 물리현상이 그렇듯이 에너지가 많아지면 불안정해지기 마련이다. 바닥에 놓인 유리컵보다 높은 선반에 있는 컵이 불안정해 보이는 이유는 높을수록 더 많은 잠재에너지를 갖고 있기 때문이다. 물을 위시하여 모든 물체가 낮은 곳으로 이동하려는 것은 지구 중력의 영향 아래에서 에너지가 가장 낮은 상태(바닥상태), 즉 가장 안정된 상태로 이동하려는 경향 때문이다. 따라서

극지과학자가 들려주는 오로라 이야기

들뜬상태에 있는 전자 역시 잠재에너지를 방출하면서 바닥상태로 되돌아가려는 경향을 보인다. 이 과정을 천이라 하며, 이 때 들뜬상태의 잠재에너지가 바닥상태로 천이하면서 빛의 형태로 방출되는

에너지를 받아 들뜬상태가 된 전자는 빛의 형태로 에너지를 방출하면서 바닥상태로 떨어진다.

것이다. 여기서 빛이 가지고 있는 에너지는 들뜬상태와 바닥상태의 에너지 차이만큼이다. 빛은 광자라는 알갱이로 취급될 수도 있는데, 이 광자의 에너지 크기는 파장에 반비례한다. 즉 파장이 짧을수록 에너지가 큰 빛이다. 이것은 들뜬상태와 바닥상태의 에너지 차이가 클수록 짧은 파장의 빛을 방출한다는 것을 의미한다.

다시 원자핵 주위의 에너지준위를 계단으로 비유하면, 에너지를 많이 받아 높은 계단 위로 올라간 전자가 에너지를 방출하면서 바닥상태로 떨어질 경우, 여러 가지 경로를 취하는 것이 가능할 것이다. 한번에 바닥으로 떨어질 수 있든가 하면 모든 계단을 거치면서 차례로 내려올 수도 있다. 혹은 한꺼번에 두 계단씩 뛰어 내려 올 수도 있다. 그 외 다른 많은 경우의 수가 있을 수 있을 것이다. 그러면 각 경우의 수가 일어날 가능성 혹은 확률은 얼마가 될까? 자세한 설명은 여기서는 생략하지만 양자론에 의한 방법으로 각 경우의 수에 대한 확률을 정확히 계산할 수 있다. 천이가 일어날 때 방출되는 빛은 에너지준위 사이의 차이만큼 에너지를 갖게 될 것이다. 그러므로 에너지준위 사이의 에너지 차이가 큰 경우는 파장이

짧은 빛이, 차이가 적은 경우는 긴 파장의 빛이 방출된다. 그러면 들뜬상태에서 천이가 일어날 때까지 걸리는 시간은 얼마나 걸릴까? 즉 들뜬상태로 올라간 전자는 그 상태에 얼마나 오래 머물러 있을까? 보통 약 10^{-9}초 정도가 걸린다. 그러나 몇몇 특별한 에너지 준위 사이에서 일어나는 천이의 경우 그 시간이 매우 길다. 다시 말해서 그러한 천이가 일어날 확률이 매우 낮다는 것을 의미한다. 이렇게 매우 낮은 확률을 가지고 있는 천이를 '금지된 천이'라고 하며, 이 때 방출되는 빛을 '금지선'이라 한다. 여기서 '금지된다'라는 뜻은 일반적인 상황에서 천이 확률이 매우 낮다는 의미다. 그러나 고층대기에서는 공기밀도가 대단히 낮기 때문에 이와 같은 천이도 확률이 매우 낮지만 불가능한 것은 아니다.

그림 1-16은 지금까지 설명한 산소원자의 에너지 준위와 천이를 도식적으로 보여주는데, 산소 원자가 방출하는 녹색과 적색 빛이 바로 금지된 천이에서 나오는 것이다. 천이에 걸리는 시간은 녹색의 경우 0.74초, 그리고 적색은 무려 110초 정도다. 보통 이 시간이 경과하면 들뜬상태의 전자가 스스로 빛을 방출하면서 낮은 에너지준위로 천이한다. 그러나 대기의 하층부는 공기밀도가 높기 때문에 천이 시간이 긴 금지선의 경우 스스로 천이하기 전에 다른 대기입자들과 충돌하고 만다. 그러면 들뜬상태의 전자들은 에너지를 빛의 형태로 방출하지 못하고 충돌한 상대 입자에게 운동에너

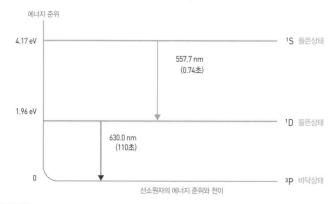

에너지 준위

4.17 eV .... ¹S 들뜬상태

557.7 nm
(0.74초)

1.96 eV .... ¹D 들뜬상태

630.0 nm
(110초)

0 .... ³P 바닥상태

산소원자의 에너지 준위와 천이

그림1-16

산소원자의 에너지준위도. 녹색은 적색보다 파장이 짧으므로 천이할 때 더 많은 에너지가 방출된다. 참고로 1전자볼트(eV)의 에너지는 전자 하나를 1볼트의 전압차가 있는 곳에서 가속될 때 얻게 되는 에너지에 해당한다.

지의 형태로 전달하고 만다. 즉 빛의 방출 없이 바닥상태로 천이하게 되는 것이다. 그러나 90킬로미터 이상의 고도에서는 공기밀도가 매우 낮기 때문에 들뜬상태의 산소원자가 다른 대기 입자와 충돌할 가능성이 매우 희박하다. 그래서 비록 천이 확률이 지극히 낮지만 산소원자의 경우 금지된 천이가 가능하다. 이것이 바로 산소의 녹색선이 90킬로미터 상공에서만 관측되는 이유다. 천이하는데 더 오랜 시간이 걸리는 적색은 당연히 공기밀도가 더 희박한 고도에서나 가능할 것이다. 이것이 바로 녹색 오로라는 고층대기의 하층부에 그리고 적색 오로라는 상층부에서 관측되는 이유다.

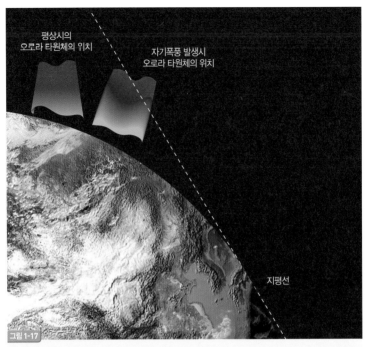

평상시의
오로라 타원체의 위치

자기폭풍 발생시
오로라 타원체의 위치

지평선

그림 1-17

자기폭풍이 발생하면 오로라 타원체가 남하한다. 그 경우 오로라는 훨씬 남쪽 지방에서도 관측된다. 지구의 곡률로 인하여 중위도 지방에서는 오로라 커튼의 하부는 볼 수 없지만 오로라 커튼이 높게 발달하면 그 상부의 적색 부분은 중위도 지방의 북쪽 지평선 상공에서 관측이 가능할 것이다.

질소분자의 경우 전자의 배치가 산소원자보다 훨씬 복잡하기 때문에 들뜬상태에서 방출되는 빛 또한 매우 다양하다. 그러나 대부분 가시광선의 범위를 벗어난 적외선이나 자외선 영역이기 때문에 육안으로는 관측되지 않는다. 한편 오로라 활동이 극심한 경우 오로라 커튼은 1000킬로미터 상공까지 확장된다. 그 경우 커튼의 상단 적색 부분이 잘 발달할 것이다. 지구가 구형이라는 점을 고려하면 오로라 커튼에서 멀리 떨어진 중위도 지방에서는 하층의 녹색 부분은 지평선 아래에 있기 때문에 관측이 되지 않는다(그림 1-17). 그러나 상층의 적색 부분은 중위도 지방의 지평선 위로 펼쳐져 있기 때문에 북쪽 하늘에 적색 오로라로 관측될 것이다. 이것이 바로 오로라 활동이 극심할 때 중위도 지방에서 관측되는 적색 오로라다(그림 1-18). 그림 1-18 적색 오로라는 주로 대규모의 자기폭풍이 진행될 때 중위도 지방에서 관측된다. 이 사진은 2001년 11월 5일에 발생한 자기폭풍 당시 미국 캘리포니아 주 나파밸리에서 관측된 것이다.

　오로라 활동이 증가하면 오로라 커튼은 매우 역동적으로 움직인다. 여기서 주의해야 할 것은 오로라의 움직임이 마치 구름이 움직이는 것과 같은 원리라고 생각해서는 안 된다는 것이다. 요즈음 흔히 전광판을 이용해서 정보를 제공하는 경우가 많다. 많은 수의 전구로 구성된 전광판에서 정보가 전달되는 과정을 보면 글씨나 그림이 이동하는 것이 아니고 단지 전구들이 순차적으로 켜지면서 마치 무언가가 움직이는 것처럼 보이게 할 뿐이다. 오로라의 움직임도 이와 같은 원리이다. 오로라는 전기방전

오로라는 일종의 전기방전이므로, 방전이 일어나는 장소, 즉 오로라를 일으키는 전자와 대기 구성입자의 충돌지점이 연속적으로 바뀌면서 오로라가 이동해가는 것처럼 보인다.

그림 1-18

적색 오로라는 주로 대규모의 자기폭풍이 진행될 때 중위도 지방에서 관측된다. 이 사진은 2001년 11월5일에 발생한 자기폭풍 당시 미국 캘리포니아 주 나파밸리에서 관측된 것이다.

의 일종이므로 방전이 일어나는 장소, 즉 오로라를 일으키는 전자
와 대기 구성입자의 충돌지점이 연속적으로 바뀌면서 마치 오로라
가 이동해 가는 것처럼 보일 뿐이다.

지금까지 1장에서는 오로라의 현상적인 특성과 지구 대기에서
오로라가 어떻게 발생하는지에 대한 원리를 알아보았다. 그러나
오로라는 우주환경 또는 우주기상 연구의 측면에서 보면 겉으로
보이는 것보다 훨씬 깊은 의미를 가지고 있는 자연현상이다. 이 책
의 서두에서 밝혔듯이 오로라는 우주환경 및 우주기상연구에서 우
리 눈으로 직접 관측할 수 있는 유일한 현상으로 우주환경의 이해
를 위한 출발점이라 할 수 있다. 따라서 오로라 현상의 보다 근원
적인 이해를 위해서는 우주환경 전반에 대한 기본적인 이해가 필
요하다. 다음 장에서는 지구상 모든 에너지의 근원이며 오로라를
일으키는 에너지의 출발점인 태양에 대해, 특히 오로라와 관련된
점을 중심으로 알아보기로 한다.

극지과학자가 들려주는 오로라 이야기

노르웨이 물리학자로 현대적인 의미의 오로라과학의 기초를 닦은 선구자다. 극지방의 가혹한 환경에도 북부 노르웨이에 관측소를 설치하고 광범위한 오로라 관측을 시행했다. 오로라 커튼의 높이를 측정했고 커튼을 따라 백만 암페어 이상의 전류가 흐른다고 주장했다. 태양이 전류의 원인이고 전류는 고에너지 전자들에 의해 발생한다고 가정했다. 그러나 태양이 구체적으로 어떻게 전류를 발생시키는데 기여하는지는 밝히지 못했다.

오로라를 실험적으로 재현하기 위해서 그는 실험실에서 진공 상자를 만들고 그 속에 테레라라고 불린 구형 자석을 설치하였다. 그리고 자석의 양극 부근에 형광물질을 바른 후 방전을 일으켜 오로라 타원체를 재현하였다. 오늘날 그가 주장한 많은 부분들이 사실로 밝혀졌다. 그의 업적을 기리기 위해서 자기권과 양 극지방 사이의 자기력선을 따라 흐르는 전류를 연자기력선 전류 또는 비르케란트 전류라고도 부른다. 또한 노르웨이는 그의 업적을 널리 알리기 위해서 200 클로네 지폐에 그의 초상화를 넣은 바 있다.

그림 1-19

크리스티안 비르케란트.

태양, 지구상 모든 에너지의 근원

태양은 지구를 비롯한 태양계 내 모든 행성에서 일어나는 다양한 현상의 에너지 원천이다. 오로라의 발생 또한 특정 형태의 태양 에너지가 자기권을 형성하는 지구 자기장과 상호작용하여 지구 고층 대기에서 나타나는 현상이다. 이 장에서는 우선 오로라의 발생과 관련있는 태양의 특성을 알아볼 것이다.

북극곰과 펭귄이 검은 선글라스를 끼고
태양 흑점을 세고 있다.

태양 흑점을 세야지. 하나 둘 셋 넷.
이런, 처음부터 다시 세야겠다. 하나 둘 셋···

벌써 몇 번째야.. 우리는 벌써 흑점에서
일어난 강력한 폭발도 관측했는데.

그래? 그럼 얼마 안 있으면
오로라 볼 수 있겠네.

태양은 지구를 비롯한 태양계 내 모든 행성들에서 일어나는 다양한 현상들의 에너지 원천이다. 어떻게 보면 지구를 포함한 모든 행성의 존재 자체가 태양 없이는 불가능했을 것이다. 태양의 중력에 의해 '태양계'가 형성되어 지금과 같은 모습을 하고 있는 것이다. 태양이 없었다면 지구와 다른 모든 행성들을 구성하고 있는 물질은 우주를 떠돌고 있거나 다른 별에 붙들려 지금과는 전혀 다른 모습을 하고 있을 지 모른다. 지구로 눈을 돌려보면, 생명현상을 포함한 지구상 모든 자연 현상들은 태양이 있기에 가능하다. 특히 모든 생명현상은 에너지를 필요로 하는데, 지구상 거의 모든 에너지의 근원은 태양인 것이다.

그러면 태양에서 발생되는 에너지는 어디에서 올까? 태양은 대부분 수소이온(양성자)과 전자로 이루어져 있는데, 태양 중심에서 높은 밀도에 의해 양성자와 양성자가 결합하여 헬륨원자를 만드는 핵융합 반응이 끊임없이 일어나고 있다. 이 핵융합 과정에서 발생되는 에너지가 대부분 빛의 형태로 방출되어 지구를 비롯한 모든 행성들에게 에너지를 공급하고 있는 것이다. 또한 앞서 언급했듯이, 오로라의 발생 또한 특정 형태의 태양 에너지가 지구 자기장으로 인해 형성되는 자기권과 상호 작용하여 지구 고층대기에서 나타나는 현상이다. 이 장에서는 우선 오로라의 발생과 관련있는 태양의 특성을 알아보기로 한다.

1 태양 흑점과 자기장

지구 질량의 33만 배나 되는 태양은 강력한 중력을 통해 태양계 모든 구성원의 운동을 지배하면서 태양계의 중심 역할을 하고 있다. 뿐만 아니라 태양 중심에서 핵융합 반응으로 생성되는 에너지는 지구상에서 일어나는 대기와 해양의 운동 및 모든 생명체의 에너지 원천이 된다. 이런 이유로 태양은 유사 이래 경외의 대상이 되어왔다. 고대 이집트에서는 태양신 라를 주신으로 숭배하였다. 중세 유럽에서도 태양은 종교적으로 절대적인 존재로 인식되었다.

태양의 흑점은 과거에도 간헐적으로 관측되었지만 태양표면에서 일어난 현상으로 인식되지는 못했다. 하늘은 완벽하다는 아리스토텔레스의 우주론이 지배하는 종교적인 분위기가 태양표면에 나타난 오점을 인정하지 못했던 시대였기 때문이다. 그러나 결국

극지과학자가 들려주는 오로라 이야기

여러 사람들의 관측 결과 흑점의 존재가 확인되었고, 갈릴레이는 흑점 운동을 이용하여 태양이 자전하고 있음을 확인하였다(그림 2-1). 1610년 갈릴레이가 망원경을 통하여 흑점을 관측하기 훨씬 이전부터 우리나라에서도 흑점관측이 수행되었다. 예를 들면《고려사》천문지에는 1151년에 태양 가운데 계란 크기의 흑점이 있다[*]라는 기록이 나온다. 게다가 흑점의 크기에 따라 순서대로 작은 것은 오얏부터 큰 것은 배로 구분하여 기록하였다. 우리 조상이 갈릴레오 보다 500년 이상 먼저 흑점을 관측한 셈이다.[2]

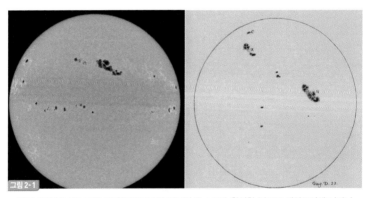

그림 2-1

왼쪽) 2001년 3월 29일 미 항공우주국의 인공위성 소호가 촬영한 것으로 태양표면에 나타난 흑점군을 포함한 흑점분포를 보여주는데, 흑점주기23 기간 중 최대의 흑점활동으로 기록되었다. 오른쪽) 1613년 6월 24일 갈릴레이가 그린 흑점이다.

---

[*] 日有黑子大如鷄卵

캐링턴은 태양의 거대한 흑점으로부터 플레어가 폭발한 것을 관측한 바 있다. 그가 지적했듯이 그 당시에는 흑점과 오로라 사이의 관계가 규명되지 않았던 시절이었다. 그 후 오로라의 발생과는 무관하게 망원경의 발달에 힘입어 흑점에 대한 연구가 진척되었다. 독일의 천문학자 하인리히 슈바베는 1843년에 태양의 흑점주기를 처음으로 확인하였다. 그 후 체계적인 관측 결과 흑점주기는 일정하지 않고 약 9년에서 14년 사이에서 변하며, 평균 흑점주기는 약 10.7년임이 밝혀졌다(그림 2-2). 태양 흑점주기에서 태양 활동 극대기와 극소기는 각각 흑점수가 가장 많이 발생하는 시기와 가장

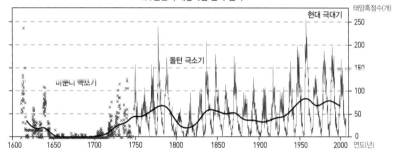

그림 2-2

지난 400년간 관측된 태양의 흑점 수. 1750년 이후의 관측결과는 태양흑점이 대략 11년의 주기성을 갖는다는 것을 보여준다. 그러나 각 흑점주기의 지속기간이 일정하지 않을 뿐 아니라 흑점의 개수도 일정하지 않았다. 그리고 흑점이 관측된 이래 두 차례에 걸쳐 태양활동이 매우 미약했던, 즉 흑점수가 매우 낮았던 기간이 있었음을 알 수 있다.

극지과학자가 들려주는 오로라 이야기

적게 발생하는 시기를 의미하는데, 흑점주기는 흑점이 태양의 남북 반구 위도 30~40도 부근에서 처음 나타나면서 시작되고 주기가 진행되면서 흑점의 개수가 증가하며 발생지점 또한 점점 적도쪽으로 이동한다.

스위스의 천문학자 루돌프 울프는 18세기 중엽부터 관측된 흑점 자료를 이용하여 태양흑점주기를 추정하였다. 이를 바탕으로 1755~1766년 기간을 첫 번째 태양주기로 지정했다. 또한 울프는 흑점이 군집을 이루며 나타나는 특성을 감안하여 흑점 수를 산정하는 방법을 고안하였고, 이를 울프수라 부른다. 현재 국제적으로 통용되는 흑점 수는 울프수를 의미한다.

흑점은 극소기에는 전혀 관측이 되지 않는가 하면 극대기에는 수백 개에 이르기도 한다. 우리는 현재 2008년 1월 4일부터 시작된 24번째 태양주기에 있다. 태양주기는 지속기간이 일정하지 않을 뿐만 아니라 발생하는 최대 흑점수도 일정하지 않다. 특히 이번 주기가 진행되는 동안 흑점수는 예상치를 크게 밑돌고 있으며 시작 시점도 예상에서 크게 벗어났다. 이것은 아직 우리들이 태양 흑점 주기를 충분히 이해하고 있지 않다는 증거이기도 하다. 흑점은 지구주변 우주환경의 이해 및 우주기상 예보를 위해 필수적인 요소임을 감안한다면 태양활동에 대한 연구는 아직 부족한 실정이다.

흑점의 크기는 수십 킬로미터 정도에서 지구 크기의 10배 이상에 이르기도 한다. 과거에 우리 조상이 관측했던 것처럼 큰 흑점은 육안으로도 관측이 가능하다. 그러나 직접 태양을 쳐다보면 눈을 다칠 염려가 있으므로 주의해야 한다. 개개의 흑점은 일단 발생하면 하루 내지는 100일까지 지속되는 것도 있다. 큰 흑점군은 대략 50일 정도 지속된다고 알려져 있다.

태양 흑점을 태양 표면인 광구에서 분리해 본다면 보름달보다 훨씬 밝게 보일 것이다. 즉 흑점은 어둡지 않다!

그러면 과연 흑점은 그 이름처럼 실제로 검게 보일 정도로 어두울까? 흑점이 검게 보이는 이유는 주변보다 온도가 낮기 때문이다. 광구라 불리는 태양표면의 온도가 대략 섭씨 6000도 인데 비해 흑점의 온도는 이보다 1000~2000도 낮은 섭씨 4000~5000도다. 따라서 흑점을 태양표면인 광구에서 분리해 본다면 보름달보다 훨씬 밝게 보일 것이다. 즉 흑점은 어둡지 않다! 이것은 단지 태양표면

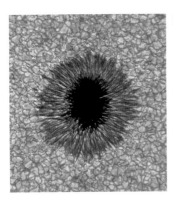

그림 2-3

빅 베어 솔라 옵저버토리의 태양망원경에서 관측한 흑점의 상세 모습. 중앙의 어두운 부분을 본영, 주변부를 반영이라 부른다. 중심으로부터 방사선 모양으로 퍼져나가는 모습은 자기장의 구조를 나타낸다. 온도 역시 본영이 반영보다 낮다. 그리고 흑점 주변의 작은 점들을 쌀알조직이라고 하며 태양 내부에서 생성된 에너지가 대류의 형태로 방출 되면서 생긴 모습이다. 마치 뜨거운 죽이 부글부글 끓을 때 생기는 기포 같은 것이라고 생각하면 된다. 실제 동영상을 통해 끓는 모습을 확인할 수 있다.

극지과학자가 들려주는 오로라 이야기

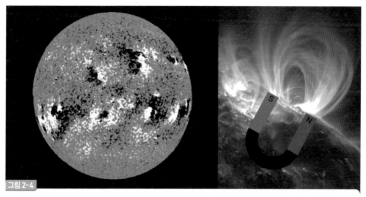

그림 2-4

왼쪽 그림은 미 항공우주국의 인공위성 소호가 촬영한 태양흑점의 자기장분포를 나타내고 있다. 검은 부분과 흰 부분은 각각 자기장의 방향이 N극인 지역과 S극인 지역을 나타낸다. 즉 자기력선은 검은 영역에서 나와 흰 영역으로 들어간다. 오른쪽 그림은 한 쌍의 흑점이 존재하는 지역의 상층대기의 모습을 촬영한 미 항공우주국의 SDO위성의 영상으로 마치 태양표면 아래 말굽자석이 있을 때 쇳가루를 뿌려 놓은 듯한 모습을 하고 있다.

에서 주위보다 상대적으로 어둡게 보이기 때문에 흑점이라고 불리게 된 것일 뿐이다. 흑점을 확대해 보면 그림 2-3처럼 보이는데, 중앙에 어둡게 보이는 부분을 본영, 그리고 주변부를 반영이라 부른다. 이와 같은 흑점의 모습은 태양표면의 자기장과 관련이 있다.

태양흑점에 강력한 자기장이 수반되어 있다는 사실이 20세기 초 분광관측에 의해 밝혀졌다. 자기장의 세기는 3000가우스를 능가하는 경우도 있다. 국제단위계에서 자기장의 단위인 1테슬라는 1만 가우스다. 지표면에서 평균 자기장의 세기가 0.5가우스(혹은 5만 나노테슬라)라는 점을 상기하면 그 강도를 어림할 수 있다. 흑점은 크기가 클수록 자기장이 강하며 그 구조도 복잡하다. 흑점이 무더기로 나타나는 곳을 활동영역이라 부르는데, 보통 쌍으로 나타나는 경우가 흔하다.

그림 2-4의 왼쪽 그림은 태양표면의 자기장 분포를 나타낸 사진이다. 여기서 흰색과 검은색 부분은 각각 자기장의 S극과 N극을 나타낸다. 그리고 흑점 쌍들은 주로 태양이 자전하는 동서 방향으로 분포한다. 흥미로운 것은 자전 방향(사진의 왼쪽에서 오른쪽으로)을 기준으로 볼 때 남·북반구에 나타난 흑점 쌍에 수반된 자기장 배열이 정반대라는 점이다. 왼쪽 사진에서 북반구에서는 N극(검은색)-S극(흰색)인데 남반구에서는 S극(흰색)-N극(검은색)으로 배열되어 있다. 이런 자기장의 배열은 그림 2-4의 오른쪽 그림과 같이 태양표면 아래에 자석을 설치해 둔 것과 같은 모습이다.

자기력선은 자기장의 세기와 방향을 나타내기 위한 보조수단으로 마치 자석 주위에 쇳가루를 뿌려 놓았을 때와 같은 형태를 취한다. 그림 2-5는 미 항공우주국의 인공위성 솔라 다이내믹스 옵저버토리SDO에서 극자외선 대역으로 촬영한 태양표면의 자기력선 분포다. 각각의 고리 모양은 쌍흑점 영역을 나타내며 밝게 빛나는 영역은 자석 주위에 쇳가루를 뿌려놓은 것과 같은 모습을 보여주고 있다. 이것은 N극에서 출발하여 S극으로 이어지는 자기력선을 따라 하전입자들이 움직이면서 빛(자외선)을 내기 때문이다. 이

극지과학자가 들려주는 오로라 이야기

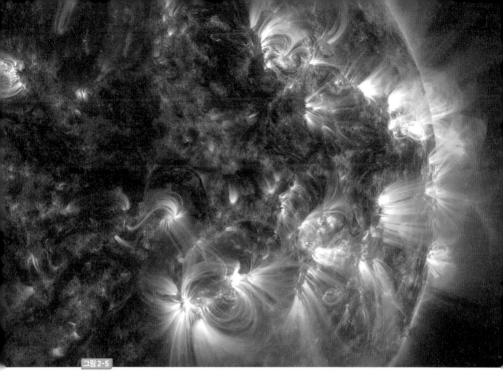

미 항공우주국의 인공위성 SDO에서 극자외선으로 촬영한 태양표면의 활동영역 분포. 이것은 태양흑점 극대기에 촬영한 사진으로 여러 개의 자기고리를 확인할 수 있다.

것을 자기고리라 부른다.

흑점 영역뿐만 아니라 태양 자체도 전체적으로 볼 때 지구와 같이 하나의 거대한 쌍극자 자기장을 가지고 있다. 지구의 경우 북반구에 S극이 그리고 남반구에 N극이 존재한다. 이처럼 막대자석과 같이 크기가 같고 서로 반대인 자극이 일정한 거리로 떨어져 있는 형태의 자기장을 쌍극자 자기장이라고 한다.

그림 2-6은 개기일식 때 찍은 태양의 모습이다. 달에 의해 가려

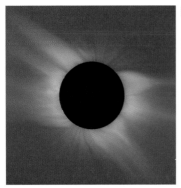

그림 2-6

2006년 3월 29일 개기일식 때 이집트에서 촬영한 태양의 상층대기인 코로나의 모습. 매우 희미해서 보통 때는 볼 수 없지만 달이 태양의 광구를 완전히 가려 주는 개기일식 때는 코로나라고 불리는 태양의 고층대기를 관측할 수 있는 기회가 생긴다. 태양활동의 변화는 곧 흑점 분포의 변화인 동시에 태양 자기장의 변화이기도 하다. 따라서 코로나의 모습도 태양흑점주기에 따라 그 모습이 계속 변한다. 참고로 2006년은 태양활동 극소기에 해당한다.

진 광구와 채층 바깥쪽에 있는 코로나라고 불리는 태양 대기의 모습은 마치 태양 중심에 거대한 막대 자석을 넣어두고 쇳가루를 뿌렸을 때 예상되는 모습을 보여주고 있다. 이것은 전하를 띤 입자들이 자기장의 영향 아래 움직이므로 태양 고층대기에 존재하는 하전입자들의 분포가 곧 태양 자기장의 자기력선의 형태를 보여준 결과다. 태양의 활동이 증가하면, 즉 흑점의 발생이 빈번해지면 흑점에 수반된 자기장의 세기가 태양 전체를 지배하는 자기장보다 강력해지며, 마침내 극대기에 도달하면 극소기 때 뚜렷하게 태양 전체를 지배했던 쌍극자 자기장의 형태는 강력한 흑점 자기장에 의해 심하게 왜곡된다. 다시 흑점 극소기로 되돌아가면 흑점 자기장이 약해지고 태양은 쌍극자 자기장으로 되돌아 간다.

그림 2-7은 이와 같은 태양활동 변화가 일어나는 동안의 태양표

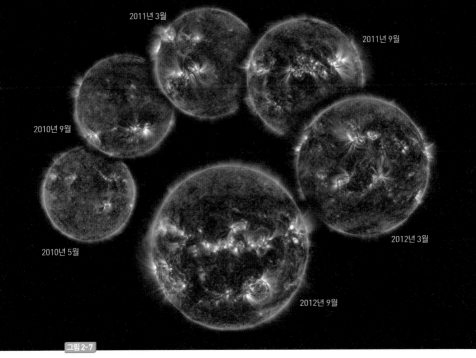

2011년 3월

2011년 9월

2010년 9월

2010년 5월

2012년 3월

2012년 9월

그림 2-7

미 항공우주국의 인공위성 SDO에서 극자외선으로 찍은 태양. 태양활동이 증가하는 2010년부터 2012년에 걸친 기간 동안 태양표면에서 자기고리의 분포가 점점 증가하는 것을 확인할 수 있다.

면의 모습을 보여주는데, 2010년부터 2012년에 걸쳐서 태양활동이 증가함에 따라 흑점에서의 자기고리 수가 점차 증가함을 알 수 있다. 그런데 태양활동 주기 동안의 변화에서 주목할 것은, 극대기-극소기 주기를 거치면서 태양의 남북극에서 자극의 부호가 바뀐다는 것이다. 다시 말해, 흑점주기를 약 11년으로 간주하면 22년이 지난 후 다시 원래의 자극을 회복한다는 의미다. 지구의 자기장에도 이런 변화가 지질시대에 무수히 많이 일어났다. 이것을 지자기역전이라 하는데, 이때 걸리는 시간은 지구의 경우 수십만 내지는 수백만 년에 걸쳐 발생하며, 태양과는 달리 일정한 주기를 가지고 일어나지는 않는다.

흑점은 주위보다 온도가 낮아 가시광선 영역의 복사에너지는 적게 방출하지만, 짧은 파장대에서는 주위보다 더 많은 에너지를 방출하고 있다.

흑점은 주위 광구보다 온도가 낮기 때문에 가시광선 영역에서 방출되는 복사에너지는 주변보다 적다. 그러나 인공위성에서 극자외선 파장대로 찍은 그림 2-5를 보면 흑점 부근은 고리 모양의 형태로 매우 밝다. 이것은 흑점이 주변부에 비해서 극자외선과 같은 짧은 파장대에서는 더 많은 에너지를 방출한다는 것을 뜻한다. 그래서 흑점이 발생한 지역을 활동영역이라 부른다. 흑점이 활동영역이라 불리는 또 다른 이유는 태양 폭발이 주로 이곳에서 일어나기 때문이다. 태양 폭발이 발생하면 고에너지 하전입자와 엑스선을 위시하여 단파장대의 전자기파가 대량으로 방출된다. 실제로 흑점 극대기는 극소기보다 태양에서 방출되는 총 에너지가 비록 근소하지만 더 많은 것으로 알려져 있다. 이와 같은 사실을 보여주는 예로, 서기 1645년부터 1715년에 걸쳐 흑점수가 매우 적었던 시기가 있었는데, 마운더 극소기(그림 2-2 참조)로 알려진 이 기간 동안 기온이 평균 이하로 떨어져서 유럽은 소빙하기를 경험한 적이 있다. 흑점은 이렇듯 강력한 에너지를 방출하고 있지만 그 생성 원인에 대해서는 아직 정확하게 알려져 있지 않은 실정이다.

이렇듯 태양 흑점은 지구에서 우리가 보는 것과는 달리 태양표면에서 가장 격렬하게 활동하는 영역으로 특히 극자외선에 해당하는 복사에너지와 고에너지 하전입자를 대량으로 내뿜고 있다. 이로 인해 흑점 발생이 최대가 되는 태양 극대기에 지구에서는 오로라를 동반하는 강력한 자기폭풍이 자주 일어난다. 그렇다면 가시광선 이외의 영역에서 이렇게 많은 양의 에너지가 태양으로부터 끊임없이 나오고 있는데, 이 에너지가 지구에 도달하여 어떠한 영향을 미칠까? 이를 이해하려면, 지구가 태양풍과 함께 방출되는 이러한 에너지를 어떻게 받아들이는지에 대해 알아볼 필요가 있다.

2 태양풍과 행성간 자기장

태양풍을 설명하기에 앞서 태양과 지구의 대기를 간단히 살펴볼 필요가 있다. 달에는 대기가 없다. 그 이유는 설사 달이 처음 생성될 당시 대기가 있었다 하더라도 달의 중력이 너무 작기 때문에 대기를 구성하는 입자들을 붙잡아 둘 수 없었을 것이다. 기체는 온도가 올라 갈수록 운동 속도가 빨라지므로 온도가 높은 천체일수록 대기를 표면에 붙잡아 두기가 어려워진다. 다행히 지구는 중력이 대기를 붙잡아 둘 만큼 크다.

태양의 경우는 어떨까? 태양은 지구와는 달리 딱딱한 표면이 없는 거대한 기체구다. 따라서 태양은 지구나 달과 같이 뚜렷한 표면 경계면을 가지고 있지 않다. 우리 눈에 보이는 태양표면을 광구라고 하는데, 이 역시 매우 희박한 기체로 되어 있다. 또한 우리가 태양의 대기라고 부르는 영역은 광구 상부에 존재하는 얇은 채층과 멀리까지 펼쳐져 있는 코로나로 구성되어 있다. 광구의 온도가 섭씨 약 6000도인데 코로나의 온도가 백만도 이상이라는 점이 흥미롭다. 열이 고온에서 저온으로 흐른다는 점을 상기한다면 낮은 온도의 광구가 어떻게 코로나를 가열시키는지는 아직까지 해결되지 않은 문제로 남아 있다.

코로나의 온도가 매우 높기 때문에 이곳에 있는 대기 입자들은 매우 빠르게 움직이고 있을 것이다. 태양의 중력이 어마어마하게 크다는 점을 고려하더라도 이곳의 대기 입자들을 붙잡아 두기에는 역부족이다. 따라서 태양은 지구와는 달리 태양 대기의 상층부인 코로나를 구성하고 있는 대기 입자들의 일부가 끊임없이 탈출하여 태양계 전체로 구석구석까지 퍼져 나간다. 이것을 태양풍이라고 한다. 이런 현상은 태양에만 국한된 것이 아니고 태양과 같은 모든 항성에서 일어나고 있다는 것이 확인되었다. 일반적으로 별의 경우에는 이를 항성풍이라고 부른다. 즉 태양풍은 일종의 항성풍이라고 할 수 있다.

그러면 태양풍은 어떻게 발견되었을까? 과거에 태양풍의 존재에 대해 여러 가설이 제안된 바 있다. 처음으로 태양풍의 존재를 제안했던 리처드 캐링턴은 1859년 태양 플레어 폭발 이후에 지상에서 대규모의 오로라가 관측된 것을 보고 두 현상 사이에는 어떤 인과관계가 있을 것이라고 생각했다. 1910년 영국의 천문학자 아서 에딩턴도 태양풍의 존재를 제안했는데, 이때는 태양풍이 전자나 이온으로 이루어졌을 것이라고 생각했다. 태양풍이 전자와 양이온의 플라스마로 이루어졌을 것이라고 처음 제안한 사람은 노르웨이의 물리학자 크리스티안 비르케란트였다. 1951년 독일의 루드비히 비어만은 혜성의 꼬리가 진행방향과는 상관없이 항상 태양의 반대쪽으로 향하고 있는 것을 태양풍의 존재에 대한 증거로 제시한 바 있다. 그 후 태양 폭발과 자기폭풍 및 오로라의 발생으로 태양에서 복사에너지 외에도 무언가가 방출되어 지구에 영향을 미친다는 생각이 확고해졌다.

태양풍이라는 용어와 함께 태양풍 발생의 물리적인 가설은 1958년 미국 시카고 대학의 유진 파커에 의해 처음으로 제안되었다. 태양의 고층대기는 매우 높은 온도로 인해 태양의 강력한 중력에도 불구하고 대기 구성입자들이 끊임없이 탈출하여 태양풍의 형태로 방출된다는 가설이다. '태양풍'이라는 용어도 파커가 이 때 처음으로 사용했다. 그리고 마침내 태양풍을 직접 관측할 수 있는 기회가 왔다. 1959년 소련의 인공위성 루나 1호가 태양풍을 직접 관측한 것이다. 그 후 금성 탐사선인 소련의 베네라 1호 및 미국의 마리너 2호에 의해서 지구에서 멀리 떨어진 곳에서도 태양풍이 존재한다는 것을 확인하였다.

태양은 대부분 수소와 약간의 헬륨으로 이루어져 있다. 그런데 코로나의 경우 고온으로 인하여 이들이 모두 이온화되어 양이온과 전자의 형태로 존재한다. 자연히 태양풍은 플라스마 상태이며, 약 95퍼센트의 양성자와 5퍼센트 정도의 헬륨이온으로 구성되어 있다. 그리고 모든 양이온을 합한 수만큼의 전자를 포함하고 있다. 방출 속도는 평균 초당 300~700킬로미터 정도다. 그래서 태양풍이 태양을 출발하여 지구까지 도달하는 데는 약 2.5~6일 정도 걸린다. 물론 태양폭발로 인하여 방출되는 고에너지 입자들도 태양풍의 한 형태이지만, 이 입자들의 속도는 매우 빨라서 광속도에 버금가는 것들은 폭발 후 수시간 내에 지구에 도달하기도 한다. 태양풍은 지구가 공전하는 황도면 뿐만 아니라 그것에 직각인 방향을 포함해 모든 방향으로 퍼져 나간다. 그리고 당연히 멀리 퍼져나가면 나갈수록 밀도가 낮아진다. 태양풍이 지구의 표면 부근에 도달했을 때의 밀도는 평균

> 태양풍은 플라즈마 상태로 약 95퍼센트의 양성자와 5퍼센트의 헬륨이온으로 이루어져 있다. 방출 속도는 초속 300~700킬로미터이며, 태양에서 지구까지 도달하는데 2.5~6일 정도 걸린다.

1세제곱센티미터 당 7개 정도다. 물론 양성자 7개와 전자 7개가 포함된다는 뜻이다. 태양풍의 밀도가 얼마나 희박한지를 알기 위해서 지표 부근의 대기 밀도를 참고로 제시하면 1세제곱센티미터 당 2.5×10^{19}개 정도다.

태양에서는 주로 양성자와 전자로 구성된 플라스마뿐만 아니라 태양의 자기장도 함께 방출된다. 플라스마와 함께 태양풍을 이루고 있는 이 자기장은 행성간 공간을 채우고 있다는 뜻에서 행성간 자기장이라고 불린다. 앞서 설명했듯이 태양흑점 주변에는 강력한 자기장이 수반되어 있는데, 태양표면에서 자기장이 외부로 열려 있을

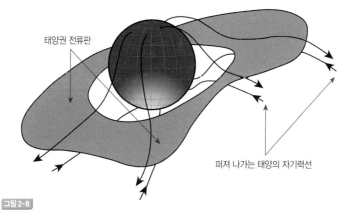

태양권 전류판

퍼져 나가는 태양의 자기력선

그림 2-8

태양풍에 수반된 행성간 자기장은 태양 적도면을 중심으로 북반구와 남반구에서 서로 반대 방향의 자성을 나타낸다. 따라서 태양 적도면에는 그에 상응하는 전류가 흐른다. 그림과 같은 자성 분포를 보일 때 전류는 태양의 적도를 따라 시계 반대 방향으로 흐른다. 11년 후 자극의 방향이 바뀌면 전류의 방향도 반대가 된다.

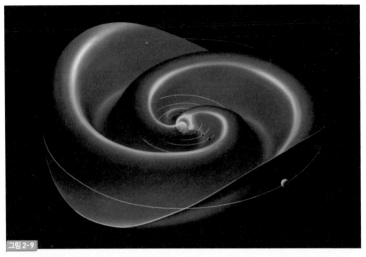

태양 적도면을 따라 형성된 태양권 전류면은 태양 자전의 영향으로 나선형 모양을 하고 있으며, 이는 발레리나의 스커트에 비유되기도 한다. 전류면의 공간적 규모를 보여 주기 위해서 행성의 궤도를 추가하였다. 세 번째 궤도가 지구를 나타낸다.

때 플라스마가 태양 대기 밖으로 분출되는 것이다. 이때 양이온과 전자로 이루어져 있는 플라스마의 전기적 특성상 자기장은 플라스마와 함께 행성간 공간으로 퍼져나가는 것이다. 또한 이렇게 행성간 공간으로 퍼져나가는 자기장은 특정한 방향성을 가지게 되는데, 태양 적도면을 중심으로 북반구와 남반구에서 서로 반대 방향으로 향한다. 그리고 태양 적도면에서는 그에 상응하는 전류면이 형성된다(그림 2-8). 또한 태양의 자전 때문에 이 전류면은 마치 회전하는 스프링클러가 뿌리는 물의 형태처럼 나선형으로 퍼져나간다. 이 형태는 춤을 추며 회전하는 발레리나의 스커트에 비유되기도 한다 (그림 2-9). 이와 같은 행성간 자기장의 구조는 지구 자기장과의 상호작용으로 인해 우리에게 중요한 영향을 미치는 요소가 된다.

우주시대 이전에 시드니 채프먼을 위시하여 여러 과학자들이 태양폭발과 자기폭풍 사이의 인과관계를 조사하였다. 그 결과, 어떤 폭발은 자기폭풍을 일으키고 화려한 오로라를 보여주는 반면 어떤 경우는 강력한 태양폭발이 지구에 도달했음에도 불구하고 자기폭풍은 물론 오로라도 관측되지 않는 경우가 있다는 사실을 확인했다. 이때까지는 행성간 자기장과 관련된 태양풍의 실체가 정확하게 규명되지 않았기 때문에 이 사실을 설명할 수가 없었다. 우주시대에 접어 들면서 인공위성 관측 결과 태양풍의 조성이 밝혀졌을 뿐만 아니라 태양풍은 하전입자 이외에 행성간 자기장을 수반하고 있음을 직접 확인하였다. 이로써 오랜 세월 미지로 남아 있던 문제 즉, 경우에 따라 강력한 태양풍에도 불구하고 자기폭풍이 발생하지 않는 이유에 대한 답을 얻게 되었다. 즉 행성간 자기장의 방향이 그 열쇠를 쥐고 있었던 것이다. 이 문제는 4장에서 설명하기로 한다.

3 태양폭발

1859년 9월 캐링턴은 매우 크고 복잡한 흑점군에서 두 개의 강력한 폭발이 5분간 지속된 것을 관측하였다. 이것이 태양 플레어에 대한 최초의 관측이다. 태양은 일견 매우 안정적으로 보이지만 소규모의 폭발과 같은 태양표면의 교란 현상이 끊임없이 일어나고 있다. 플레어가 그 중 대표적인 폭발현상이다.

미 항공우주국과 유럽연합의 유럽우주기구가 공동 개발하여 1995년부터 운영중인 소호*라는 위성에 탑재된 망원경 덕분에 태양의 신비가 한층 더 베일을 벗게 되었다. 소호 위성은 태양에서 나오는 가시광선 이외의 다양한 파장의 빛을 관측하고 있다. 인공위성은 보통 전리권보다 높은 상공에서 운행되기 때문에 전리권에서 흡수되어 지상에 도달하지 않는 매우 짧은 파장대의 전자기파 관측이 가능하다. 일반적으로 인공위성은 지구 주위를 공전하기 때문에 매번 공전할 때마다 일정시간 밤 영역을 운행한다. 그러므로 그 시간 동안에는 태양을 관측할 수 없는 단점을 가지고 있다. 그러나 소호 위성은 지구에서부터 태양 쪽으로 약 150만 킬로미터 지점에 위치하여 지구와 동일한 주기로 태양 주위를 공전하도록 되어있다. 따라서 밤낮이나 일기에 관계없이 24시간 태양을 감시할 수가 있다. 최근 우주기상변화(4장 참조)의 중요성이 대두되면서 미국의 항공우주국은 태양감시를 위해서 솔라 다이내믹스 옵저

* SOHO, Solar and Heliospheric Observatory. http://sohowww.nascom.nasa.gov/

극지과학자가 들려주는 오로라 이야기

버토리SDO 및 솔라 트레스트리얼 릴레이션 옵저버토리STEREO 위성을 운영하는 등 태양연구에 박차를 가하고 있다.

빛을 방출하는 모든 복사체는 그 온도에 따라 방출하는 빛의 파장대가 달라진다. 즉 복사체의 온도가 높을수록 짧은 파장의 빛을 방출한다. 온도가 올라감에 따라 쇠붙이의 색깔이 검붉은색에서 점점 밝은 색으로 변하는 과정을 잘 알고 있을 것이다. 용광로 속 쇳물의 경우 붉은색을 넘어 황색을 띠게 된다. 태양의 경우 광구의 온도가 섭씨 6000도 정도이며 황록색 파장대(약 500 나노미터)에서 가장 많은 빛을 방출한다. 태양은 비록 양은 적지만 가시광선보다 짧은 파장의 빛도 방출한다. 자연히 짧은 파장의 빛은 광구보다 온도가 높은 곳에서 방출될 것이다. 태양은 광구로부터 위로 올라갈수록 온도가 높아진다. 그러므로 고도가 증가함에 따라 점점 더 짧은 파장의 빛을 방출하게 된다. 그리고 마침내 섭씨 백만 도가 넘는 코로나의 경우 엑스선이 방출된다. 그러므로 각기 다른 파장 영역으로 태양을 관측한다는 것은 각기 다른 층의 태양 대기를 들여다 보는 것과 같은 의미가 된다. 소호 위성은 이러한 목적으로 다양한 파장대의 영역에서 태양을 관측할 수 있는 여러 종류의 카메라를 탑재하고 있다.

그림 2-10은 2003년 10월 28일 소호가 촬영한 태양 영상이다. (a)는 가시광선으로 찍은 사진으로 검게 보이는 부분이 흑점이다.

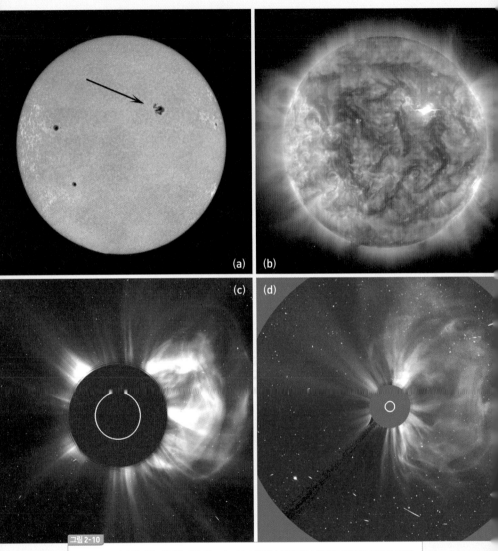

소호 위성에서 촬영한 다양한 태양의 모습 : (a)가시광선 영역에서 촬영한 흑점을 포함한 태양 표면, (b)극자외선 영역으로 촬영한 태양플레어, (c)코로나그래프를 이용하여 촬영한 코로나 물 질분출, (d)광각 코로나그래프로 촬영한 코로나 물질분출.

극지과학자가 들려주는 오로라 이야기

특히 남반구에 발생한 대규모의 흑점군이 특이하다. (b)는 극자외선에 해당하는 19.5나노미터로 찍은 태양 영상이다. 남반구에 매우 밝게 보이는 부분이 플레어가 발생한 곳으로 흑점군이 발생한 곳과 동일한 지역이다. 이와 같이 극자외선 영역으로 관측한 태양의 모습은 물론 우리 맨눈으로는 관측되지 않는다. 사진에서 녹색으로 표현한 것은 극자외선의 색깔이 녹색이어서가 아니고 단지 시각적인 효과를 위해서 인위적으로 색을 부여한 것이기 때문에 녹색과는 아무런 관계가 없다. 그래도 밝게 보이는 부분은 극자외선 빛의 강도가 강한 곳이고 어두운 곳은 그 반대인 영역을 나타낸다.

태양 플레어는 수분에서 수시간의 짧은 기간에 매우 한정된 영역($\sim 10^{15}$제곱미터)에서 엄청난 양의 에너지($\sim 10^{25}$ J)를 폭발적으로 방출하는 현상이다.[4] 이것은 100메가톤의 수소폭탄 백만 개를 동시에 폭발시키는 정도의 에너지에 해당하며 또한 태양이 1초 동안에 방출하는 총 에너지의 10퍼센트나 되는 엄청난 양이다.[5] 플레어는 감마선, 엑스선을 비롯하여 전파radio wave에 이르기까지 넓은 영역의 전자기파를 방출한다. 뿐만 아니라 다량의 양성자들이 플레어 폭발로 가속되어 높은 에너지를 가지고 방출된다. 플레어 폭발에 수반되는 다량의 엑스선 및 고에너지 입자는 지구에 여러 유해한 현상을 일으킨다. 이런 중요성 때문에 플레어 폭발은 그 규모에 따라 여러 등급으로 나눈다. 지구에 도달하는 엑스선의 강도에 따라

C, M 및 X급 플레어로 나누고 각 등급은 다시 10단계로 세분된다.

태양 플레어는 태양 대기에 저장된 자기장 에너지가 폭발적으로 방출되는 현상이다. 강력한 자기장을 나타내는 흑점군을 주목하는 이유가 여기에 있다. 흑점이 점점 성장하면 자기장 세기의 증가와 더불어 자기장 구조 또한 매우 복잡해진다. 이렇게 자기장에 축적된 에너지가 방출되기 위해서는 어떤 유발 요인이 있어야 한다. 이론적으로 생각해 보면 오로라 서브스톰과 같은 원리다. 마치 높은 산 위 댐에 가두어져 있는 물은 엄청난 위치에너지를 가지고 있다. 그러나 이들이 방출되기 위해서는 댐이 붕괴될 수 있도록 무언가의 역할이 필요하다. 과학자들은 플레어의 경우 유발 요인을 흑점에 수반된 자기장의 구조에서 찾으려고 노력하고 있으나 정확한 원인은 아직 알려지지 않은 상태다.

그림 2-10(c)는 (a) 및 (b)와 같은 날 촬영된 태양 영상캡처화면이다. 태양의 고층대기인 코로나는 비록 온도는 높지만 밀도가 낮기 때문에 광구에 비해 너무 어둡다. 그래서 그 모습을 촬영하기 위해서는 개기일식 때 달이 광구를 가리는 순간(그림 2-6 참조)을 이용하거나 망원경 내에 인공적으로 광구를 가리는 장치를 한 코로나그래프라는 특수장치를 이용한다. (c)에서 중앙의 흰 원은 태양 광구의 위치를 나타내고 그보다 조금 더 큰 붉은 색의 원은 인

공적으로 태양을 가린 부분이다. 그림 2-6의 코로나와는 달리 영상의 하단 부분을 중심으로 엄청난 폭발현상이 있었음을 보여주고 있다. 폭발의 진원지는 플레어가 발생한 곳과 같은 흑점군이다. (d)는 (c)에서 나타난 태양 폭발로부터 약 한 시간이 지난 후 폭발이 진행되는 모습을 보여주고 있다. 역시 중앙의 흰 원은 태양을 나타낸다. 이러한 태양 폭발을 코로라 물질분출**CME**이라 부른다.

보통 코로나 물질분출 발생시 방출되는 물질의 양은 10^{12}~ 10^{13} 킬로그램이고 방출 속도는 초당 500킬로미터 정도다. 여기에 수반된 에너지는 플레어 폭발에 버금가는 10^{23}~10^{25} 줄**Joule** 정도로 추정된다. 플레어가 19세기 중엽에 처음 관측된 것에 비해서 코로나 물질분출은 소호 위성을 포함하여 코로나 관측기술의 발달로 인하여 20세기 후반에 이르러서야 비로소 그 존재가 확인되었다. 플레어가 엑스선을 포함해서 주로 고에너지의 전자기파를 방출하는 반면, 코로나 물질분출은 주로 고에너지의 입자를 방출한다. 물론 플레어도 고에너지 양성자를 방출한다는 점은 이미 지적한 바 있다. 플레어와 코로나 물질분출은 동시에 발생하기도 하고 각각 독립적으로 발생하기도 한다. 여러 관측 결과를 종합해 보면 플레어와 코로나 물질분출은 서로 원인과 결과라는 식으로 설명하기는 어렵지만 코로나 물질분출 역시 항상 흑점에서 발생한다는 점을 고려하면 두 현상의 발생 원인은 동일한 유발 요인에 의한 것으로 짐작된다.

3장

전리권

이 장에서는 지구 고층대기에서 아주 특별한 영역인 전리권에 대해 알아보기로 하자. 오로라가 발생하는 고도가 바로 전리권이 있는 대기 영역이다. 또한 전리권은 인공위성이 상주하는 곳이기도 하다. 전리권은 위성통신에 매우 중요한 영향을 미치는 우주환경의 일부로 우리 실생활과 가장 밀접하게 관련되어 있는 우주공간이다.

북극과 남극에서, 서로 멀리 떨어진 북극곰과 남극 펭귄이
서로 무전기를 들고 대화한다.

잘 들려?

또렷이 들려.

참 신기하지
지구가 둥근데, 어떻게 전파가
이곳 북극에서 남극까지
날아갈까?

공기 중에 전파를 휘게 만드는 게
있는 건 아닐까?

전파가 휜다구? 진짜, 전파는
어떻게 전달되는 걸까?

지금까지 오로라 발생의 근본적인 에너지원인 태양에 대해 알아보았다. 이 장에서는 오로라의 직접적인 발생원인을 제공하는 '태양풍과 지구 자기권의 상호작용'에 대해 알아보기 전에 지구 고층대기에서 아주 특별한 영역인 전리권에 대해 알아보기로 하자. 지구 고층대기의 전리권*은 오로라와는 직접적으로 관련되어 있지 않다고 볼 수도 있지만, 오로라가 발생하는 고도가 바로 전리권이 있는 대기 영역이며, 우주환경 및 우주기상에서 지구와 가장 가까이에 있으며 국제우주정거장을 비롯하여 대부분의 저궤도 인공위성이 상주하고 있는 영역이기도 하다. 또한 GPS 위성이나 정지궤도 기상위성과 같이 이보다 더 높은

---

* 전리권은 일반적으로 '전리층' 또는 '이온층'으로 알려져 있다. 그러나 이 영역은 그림 3-1에서와 같이 지구 대기에서 가장 넓은 고도 영역을 차지하고 있으며, 지구 대기의 다른 영역에 대한 용어와 일관성을 유지하기 위해 '전리권'이라는 용어를 사용하기로 한다.

고도에 있는 인공위성들도 지구와 통신을 위해 사용하는 전파가 반드시 전리권을 통과해야만 한다. 따라서 전리권은 인공위싱 운영유지와 위성통신 등에 매우 중요한 영향을 미치는 우주환경의 일부로서 우리 실생활과 가장 밀접하게 관련되어 있다고 볼 수 있는 대기 또는 우주환경이다.

1 전리권의 형성과 구조

1901년 이탈리아의 과학자인 굴리엘모 마르코니는 처음으로 북미와 유럽 사이의 대서양을 횡단하는 무선통신에 성공했다. 전파는 그 특성상 직진하기 때문에 구형인 지구 표면상에서 직접 도달할 수 있는 거리는 고작 수백 킬로미터에 지나지 않는다. 그런데 전파가 대서양을 횡단했다는 사실은 대기 상층에 전파를 반사시킬 수 있는 무언가, 즉 전기를 띤 어떤 층이 존재한다는 것을 암시한다. 그 이듬해인 1902년 미국의 전기공학자 아서 케넬리와 영국의 물리학자 올리버 헤비사이드는 서로 독립적으로 전리권의 존재를 처음으로 제안했다(이때 발견된 전리권의 한 층을 케넬리-헤비사이드 층이라고 부른다). 이 제안이 있은 지 20년 이상이 지난 후에야 비로소 전리권이 실험적으로 확인되었는데, 미국과 영국에서 거의 동시에 전리권을 관측하는데 성공했다. 미국에서는 1925년 물리학자 그레고리 브레이트와 멀 튜브가, 그리고 영국에서는 1926년 물리학자 에드워드 애플턴과 마일즈 바네트가 각각 독립적이지만, 거의 비슷한 실험을 통해서 전자기파를 반사시키는 전리권의 존재를 확인하는데 성공한 것이다. 영국의 애플턴은 그 공적으로 1947년 노벨물리학상을 수상하였고, 마르코니 역시 단파무선통신 개발에 대한 공로로 1909년 노벨물리학상을 수상한 바 있다. 그러면 전리권이란 어떤 대기 영역일까?

지구 대기는 고도별 온도변화에 따른 분류에 의하면 아래로부터 대류권, 성층권, 중간권, 열권, 그리고 가장 바깥층에 있는 외기권으로 나눌 수 있다. 그러면 전리권은, 그리고 오존층은 어느 영역에 속할까? 여기에 대한 해답을 얻기 위해 우선 어떤 기준으로 대기권을 구분하는가를 살펴 볼 필요가 있다. 예를 들어 한 학급의 학생을 성별로 분류할 수 있는가 하면 키나 몸무게로도 분류할 수 있다. 그 외에 여러 가지 분류 방법이 더 있을 것이다. 일반적으로 사용되는 대기권의 구분 방법은 지표로부터 고도에 따른 기온 변화의 경향을 이용한 것이다. 대기권의 기온은 그림 3-1과 같이 고도가 증가하면서 여러 번의 감소와 증가를 반복하다가 마침내 약 300킬로미터 이상 상층에 도달하면 일정한 온도를 유지하게 된다. 이러한 온도변화를 기준으로 대기를 분류하면, 태양 복사에 의해 뜨거워진 지표로부터 멀어지면서 온도가 감소하는 지표부근의 대

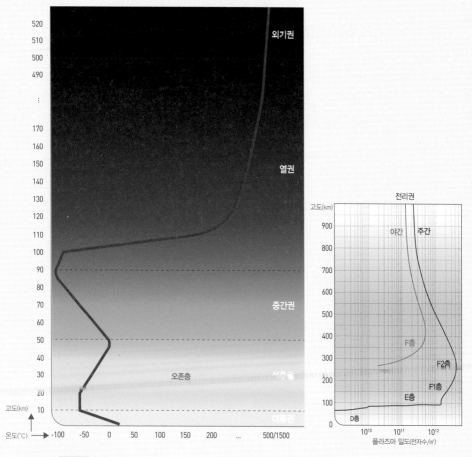

그림 3-1

고도에 따른 지구 대기의 온도 분포(왼쪽)과 전리권의 플라즈마 밀도 분포(오른쪽). 대기의 온도는 지상에서 고도가 높아질수록 감소하다가 성층권에서는 오존의 자외선 흡수에 의해 온도가 상승한다. 그러나 중간권에서는 다시 온도가 감소하기 시작하여 약 90km 고도에서 최저 온도에 도달하고, 열권에서는 산소원자의 극자외선 흡수에 의해 온도가 급격히 상승한다. 약 150km 고도에 이르면 그 이상의 고도에서는 거의 일정한 온도를 유지하는데, 이 온도는 낮과 밤, 계절, 태양활동 정도에 따라 500~1500℃의 큰 폭으로 변한다. 전리권은 중간권 상부에서 시작되어 외기권을 지나서까지 넓은 고도에 걸쳐서 분포하지만 플라즈마 밀도는 주로 열권에 밀집되어 있다. 그리고 열권 온도와 마찬가지로 플라즈마 밀도 또한 낮과 밤 등의 물리적 조건에 따라 큰 변화를 보인다.

류권(약 12킬로미터), 그리고 그 위에 존재하는 성층권(12~50킬로미터)은 높은 오존밀도에 의해 자외선을 흡수해서 기온이 상승하는 영역이다. 물론 오존층은 성층권 내에 있으며, 20~30킬로미터 고도를 차지한다. 성층권을 지나면 오존 밀도가 급격히 감소하기 때문에 기온이 다시 감소하는 영역으로 중간권(50~90킬로미터)이 있다. 그리고 고도가 더욱 상승하면서 산소원자가 극자외선을 흡수하여 기온이 급격히 상승하는 열권(90~500킬로미터) 영역에 도달한다. 그 보다 높은 고도는 마침내 대기 밀도가 극단적으로 낮아지면 고도와 상관없이 일정한 온도가 유지되는 외기권(500킬로미터~) 영역이 된다. 이 마지막 영역이 지구 대기와 외부 우주가 만나는 경계지역이며, 높은 온도로 인해 대기 구성 입자들이 지구 중력을 극복하고 우주로 탈출할 수 있는 대기 영역이다.

한편 전리권이나 오존층은 대기의 주성을 이용해서 대기를 분류한 것이다. 즉 전기를 띤 하전입자가 많은 영역을 전리권, 그리고 오존이 풍부한 대기 영역을 오존층이라 부른다. 그림 3-1에서와 같이 온도 분포에 따른

전리권은 지상 60~1000킬로미터 고도에 있으며, 전기를 띤 하전입자가 포함되어 있는 영역이다. 이때문에 지상의 전파가 전리권에 반사되어 더 멀리까지 전달될 수 있다.

대기 분류와 비교해 보면, 전리권은 주로 열권과, 오존층은 성층권과 고도상으로 겹친다는 것을 알 수 있다. 특히 전리권은 지상으로부터 약 60킬로미터에서 1000킬로미터 고도를 차지하는데, 대기

전파(radio wave)는 적외선보다 파장이 긴 전자기파의 일종으로 진동수에 따라 여러 가지 명칭으로 불린다. 전자기파의 진동수(f)와 파장(λ) 사이에는 c=f×λ인 관계가 있다. 즉 파장과 진동수는 서로 반비례 관계에 있다. 여기서 c는 광속도로 전자기파가 진공 속을 진행할 때의 속도다. 진동수 300kHz~3MHz(파장이 100m~1000m)인 전파를 중파(MF; medium frequency), 3MHz~30MHz(파장 10m~100m)를 단파(HF; high frequency)라고 부르며, FM 라디오나 TV 방송에 사용하는 극초단파(UHF; ultra high frequency)는 진동수가 300MHz~3GHz(파장 10cm~1m)정도이다(그림 3-2). 위성통신에는 더 큰 진동수의 마이크로웨이브를 사용하는데 그 진동수는 3GHz~300GHz(파장 1mm~10cm) 정도다. 참고로 오로라의 녹색선(557.7nm)의 진동수는 약 540,000GHz이다.

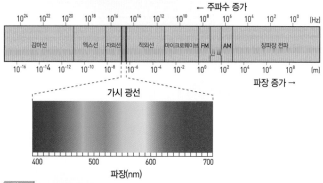

그림 3-2

태양빛의 파장에 따른 분포. 상단의 그림은 태양에서 방출되는 전 전자기파를 진동수와 파장으로 구분하였다. 하단은 태양이 방출하는 전 파장대에서 가시광선 영역이 얼마나 작은 부분을 차지하고 있는지를 보여 준다. 모든 전자기파의 경우 진행속도는 광속으로 일정하지만 진동수와 파장은 서로 반비례한다. 따라서 파장이 가장 짧은 감마선은 진동수가 가장 높은 반면 파장이 긴 전파는 진동수가 1Hz보다 더 낮은 것도 있다.

를 고도별 온도 분포의 기준으로 분류한 것과 유사하게, 전리권내 플라스마 밀도의 고도별 분포를 기준으로 아래로부터 D, E, F층으로 세분할 수 있다(그림 3-1). 여기에서 전리권의 플라스마 밀도가 가장 높은 부분은 F층에 있다. 이제부터 전리권이 어떻게 형성되는지 알아보기로 하자.

태양에서 방출되는 빛은 우리가 늘 경험하는 가시광선뿐만 아니라 이 보다 훨씬 파장이 짧은, 즉 에너지가 큰 엑스선, 엑스선에 가까

> 태양에서 방출되는 엑스선이나 극자외선은 고층대기 중 원자나 분자들을 이온화시켜 전리권을 생성시킨다.

운 극자외선, 자외선 등이 함께 방출된다(그림 3-2 참조). 이 파장대의 빛은 고층대기를 구성하는 입자들을 이온화시킬 수 있을 만큼 충분한 에너지를 가지고 있다. 그래서 열권을 통과하면서 대부분 이온화라는 과정을 통해서 흡수된다(그림 3-3). 이렇게 태양의 극자외선은 전리권을 생성시키는 한편, 지상에 도달하지 못함으로 지상의 생명체들은 극자외선의 유해한 환경으로부터 벗어날 수 있었다. 그러나 이러한 이온화 과정이 무한정 계속되는 아니다. 왜냐하면 이온화가 일어날 때마다 양이온과 전자가 쌍으로 생성되는데, 시간이 지나면서 전자와 양이온의 밀도가 증가하면 이들은 다시 재결합 과정을 통해 중성입자들로 되돌아가기 때문이다. 재결합 과정은 단순히 전자와 양이온이 직접 결합하여 중성대기로 되돌아 가는 것이 아니고 양이온은 주변의 중성대기와 한 두 차례의

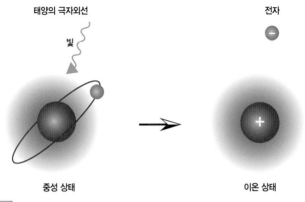

태양의 극자외선

빛

전자

중성 상태

이온 상태

그림 3-3

원자핵이나 분자핵의 외곽을 공전하는 전자는 태양의 극자외선을 흡수하면 원자나 분자의 전기적인 속박에서 벗어날 수 있다. 이것을 이온화라 하며 이때 양이온-전자쌍이 형성된다.

광화학적 반응이라는 복잡한 과정을 거친 후 마침내 중성대기로 되돌아간다. 따라서 주위의 중성대기의 조성과 밀도는 결합률에 지대한 영향을 미친다. 이러한 이유로 인하여 전리권의 생성소멸 과정은 태양의 천정각의 변화만으로 예측하는 것은 불가능하다. 따라서 양이온과 전자의 밀도가 일정한 양에 도달하면 더 이상 증가하지 못한다. 비유를 들자면 물에 소금을 녹이면 처음에는 소금물의 농도가 점점 진해질 것이다. 그러나 소금을 무한정 녹일 수는 없을 것이다. 어느 정도의 농도에 도달하면 소위 포화상태에 이르게 된다. 그 후 소금을 더 첨가해도 일정한 농도를 유지하게 될 것이다. 전리권에도 같은 현상이 일어난다. 이 때를 광화학적 평형상

극지과학자가 들려주는 오로라 이야기

태에 이르렀다고 한다. 오후가 되면서 햇빛이 약해지면 이온화에 의한 양이온-전자쌍의 생성률이 감소한다. 반면 양이온과 전자의 결합은 계속되기 때문에 전리권의 전자밀도, 혹은 양이온의 밀도는 감소한다. 그러다 햇빛이 없는 밤이 되면 전리권의 양이온-전자쌍 생성은 중단되지만, 재결합은 계속되어 전리권의 전자밀도는 해가 다시 뜨기 전인 새벽에 가장 낮은 수준에 도달한다. 이런 점에 착안하여 1931년 시드니 채프먼은 전리권의 형성 과정을 이론적으로 규명하였다. 한편 극지방의 경우 햇빛은 미약하지만 오로라를 일으키는 고에너지 전자나 양성자가 극지방 고층대기를 이온화시켜 또 다른 형태의 전리권을 형성한다.

이온화가 일어날 때 항상 양이온-전자쌍이 생성되기 때문에 양이온과 전자의 밀도는 거의 동일하다. 그래서 전리권은 다수의 하전입자가 있음에도 불구하고 전기적으로 중성이다. 이러한 물질 상태를 플라스마라고 부른다. 고체, 액체, 기체에 이어 물질의 네 번째 상태로 알려져 있으며 태양을 포함해서 우주의 모든 별들은 플라스마 상태로 되어있다. 또한 태양풍이나 자기권을 구성하는 물질 역시 플라스마 상태에 있다. 그러나 고층대기의 전리권은 전체 구성입자의 지극히 일부만이 이온화되어 있을 뿐이다. E층의 경우 중성대기 1억 개 당 1개 정도 그리고 가장 밀도가 높은 F층의 경우에도 백 개 당 1개 미만이 이온화되어 있다. 그렇지만 이렇게 양이온과 전자의 숫자가 적음에도 불구하고 전리권은 플라스마의 성질을 띠게 된다. 특히 전자는 전파가 전리권 고도의 고층내기를 지날 때 반사나 굴절을 일으키는 구실을 한다.

그림 3-1에 나와 있는 전리권의 고도별 분포에 대해 알아보기로 하자. 지상 50킬로미터에서 90킬로미터의 구간에 걸친 D층은 전자밀도가 너무 낮아 전파의 통과에 별 영향을 미치지 못한다. 다음은 고도 90킬로미터에서 150킬로미터 사이에 존재하는 E층으로 주로 전자와 O_2^+, NO^+ 등의 분자이온으로 구성되어 있다. 그리고 고도 150킬로미터에서 시작되어 최대의 전자밀도를 보이는 300~400킬로미터 고도까지 이어진 구간을 F층이라 부른다. F층은 낮에는 F1과 F2층으로 나누어지지만 저녁에는 한 층으로 합쳐지며 주요 구성 이온은 전자와 O^+이다. 마지막으로 F층 보다 높은 고도의 전리권은 O^+ 이외에도 제일 가벼운 원자의 양이온인 H^+ 및 He^+이 다수 존재한다. 전리권 상층부의 약 500~1000킬로미터 고도에 이르면 이들 가벼운 이온들이 O^+ 보다 많아지고 전리권의 최상층부는 마침내 자기권의 일부인 플라스마권의 영역으로 진입하게 된다.

전리권을 이루고 있는 양이온들 중 지구 대기의 78퍼센트를 차지하고 있는 질소분자의 이온은 흔하지 않다. 그 이유는 질소분자는 산소분자나 산소원자보다 이온화되는데 더 큰 에너지가 필요하

극지과학자가 들려주는 오로라 이야기

기 때문이다. 태양에서 방출되는 극자외선의 에너지 분포를 보면 질소분자를 이온화시킬 수 있는 극자외선의 에너지 대역이 산소분자를 이온화 시킬 수 있는 에너지 대역보다 훨씬 적다는 것을 알 수 있다. 그래서 질소가 산소보다 월등이 많음에도 불구하고 전리권을 구성하는데 큰 기여를 못하고 있다. 반면 NO는 대기 중에 극미량 존재하지만 E층의 주요 양이온을 이루고 있는 이유는 아주 적은 에너지로도 이온화가 가능하기 때문이다. 물론 전리권 전체에 걸쳐서 대부분을 차지하는 양이온은 O^+이다. 그 이유는 고층대기에는 산소원자의 밀도가 가장 높을 뿐만 아니라 적은 에너지로도 이온화가 가능하기 때문이다.

전리권 최하부인 D층의 전자밀도가 매우 낮은 이유는 이곳까지 도달하는 극자외선 양이 너무 적어 이온화에 크게 기여하지 못하고, 또한 대기 밀도가 상대적으로 높아서 전자-양이온의 재결합률이 매우 높기 때문이다. 참고로 오존층은 D층보다 더 하부에 위치하면서 자외선을 차단하는 구실을 하는 것으로 알려져 있다. 오존층에 의해 차단되는 자외선은 상대적으로 파장이 길어(200~300나노미터) 대기를 이온화시킬 수는 없다. 그래서 전리권 형성에 기여하지 못하고 계속 투과하여 마침내 오존층이 있는 고도에서 흡수된다. 오존은 광화학적인 반응을 통해서 자외선을 흡수한다. 채프먼이 이 과정을 이론적으로 규명하였다. 일반적으로 전자 밀도가

굴리엘모 마르코니(G. Marconi, 1874~1937)

그림 3-4
굴리엘모 마르코니.

마르코니는 이태리 볼로나 지방에서 귀족의 아들로 태어났다. 어려서 과학, 특히 전기에 관심을 보였다. 그 당시 독일의 과학자 하인리히 헤르츠는 지금은 전파로 알려진 전자기파를 인위적으로 생성시킬 수 있고 전선 없이도 먼 곳으로 보낼 수 있다는 것을 실험을 통해 증명하였다. 헤르츠의 연구에 힘입어 마르코니는 전선 없이 전파를 이용해서 전보를 발신하는 방법을 연구하기 시작했다. 물론 이러한 아이디어는 이미 오래 전부터 알려져 있었지만 아무도 실용적인 단계까지는 발전시키지 못했다.

마르코니는 송신기와 수신기의 성능을 개량해 가면서 신호를 점점 먼 거리까지 보낼 수 있었다. 마침내 1902년에 대서양 횡단 무선통신을 성공시켰다. 이어서 1907년부터 유럽과 미국 사이의 무선을 이용한 상업적인 통신 서비스를 가능하게 하였다. 이러한 성공에 힘입어 1909년에는 독일의 브라운과 함께 노벨 물리학상을 수상했으며 1914년에 이탈리아의 원로원의원으로 추대되었고 또한 후작의 작위까지 받았다. 1차 세계대전 때는 해군 사령관으로 근무하기도 했으며, 말년에 마르코니의 친 파시즘적인 행동은 그의 인생에 큰 오점을 남기고 말았다. 1937년 63세에 심장마비로 서거할 당시 전세계의 라디오 방송국은 그의 업적을 기리는 묵념을 위해 2분간 방송을 중단한 바 있다.

매우 낮은 D층은 전파통신에 별 영향을 미치지 못한다. 그러나 태양의 플레어가 폭발하면 다량의 엑스선이 방출되고 이들은 상층의 전리권 전자밀도뿐만 아니라 하층의 D층의 전자 밀도까지 증가시킨다. 이로 인하여 평상시와는 달리 D층도 전파의 진행에 지대한 영향을 미치게 된다.

2 전리권의 교란

전리권의 전자밀도는 비슷한 고도의 열권 중성대기 밀도에 비해 훨씬 높고 다양한 변화를 보인다. 시간이나 공간, 계절, 태양 활동 주기 등에 따라 대체로 규칙적인 변화를 보이기도 하는 반면에, 태양 폭발 등에 의해 대단히 불규칙적인 변화를 보이기도 한다.

우선 대략적으로 예측이 가능한 규칙적인 변화를 살펴보기로 하자. 전리권 전자밀도는 하루를 주기로 뚜렷한 변화를 보인다. 전리권을 구성하는 양이온-전자쌍은 대부분 태양의 극자외선에 의해서 생성되기 때문에 해가 뜨기 시작하면서 전자밀도가 상승하고 오후 1~2시경에 최대가 된다. 그리고 태양의 고도가 낮아지면서 전자-양이온쌍의 생성률은 감소하지만 이들 사이의 재결합은 지속되기 때문에 전자밀도가 감소하고 마침내 해가 지면 양이온-전자쌍의 생성이 멈춘다. 그러나 야간에도 전자-양이온의 재결합이 계속되므로 전자밀도는 다음날 해가 뜰 무렵 최저치를 기록한다. 낮에 생성됐던 전리권 D층과 E층은 밤이 되면 전자밀도가 감소하면서 거의 사라진다. 한편 낮에 F1과 F2층으로 나누어져 존재하던 F층은 밤이 되면 하나로 합쳐진다(그림 3-1 참조). 이것은 상대적으로 고도가 높은 F2층에서는 재결합을 매개하는 중성대기 밀도가 낮아서 재결합이 상대적으로 천천히 진행되고, 일출 직전까지도 양이온과 전자가 어느 정도 남아 있기 때문이다. 이와 같이 훨씬 감소된 전자밀도에도 불구하고 단파를 이용한 무선 통신의 수신 감도는 야간에 더 좋아진다. 그 이유는 전리층의 구조가 F층으로 단순화되었기 때문이다.

전리권의 전자밀도는 계절에 따라서도 뚜렷한 변화를 보인다. 일반적으로 사계절은 태양 고도각의 변화에 의해 생기는데, 전리권의 경우에도 태양 고도에 따라 태양 극자외선의 세기가 달라지므로 사계절의 기온과 유사한 변화를 예상할 수 있다. 그러나 전리권 전자밀도의 계절적 변화는 이보다 훨씬 복잡하다. 우선 예상과는 달리 여름과 겨울에 비해 봄가을에 더 큰 전자밀도를 보이고, 여름과 겨울의 경우에서도 경우에 따라서는 여름보다 겨울에 더 큰 전자밀도를 보이기도 한다. 즉 가장 높은 기온을 보이는 여름에 전자밀도는 가장 낮은 값을 보인다는 점이다. 이와 같은 계절변화는 전리권 전자밀도가 단순히 태양 극자외선의 세기에 의해서만 결정되는 것이 아니라는 것을 의미한다. 전리권 전자밀도의 생성은 태양의 극자외선에 의해 결정되는데 반해, 전자밀도 소멸의 원인인 전자-양이온 재결합은 열권의 중성대기 밀도와 고층에서 부는 바람에 큰 영향을 받는다는 점을 고려해야 한다. 또한 전리권내 플라스마는 하전입자이기 때문에 지구 자기장 역시 그 운동에 영향을 미친다. 그래서 이와 같이 양이온-전자쌍의 소멸에 영향을 미치는 다양한 요인으로 인해 재결합률은 복잡한 양상을 띠게 된다. 마지막으로 전리권 전자밀도는 11년 태양활동 주기에 따라 매우 큰 변화를 보여준다[6]. 이것은 전리권 전자-양이온 생성을 결정하는 태양 극자외선의 세기가 태양활동 주기에 따라 뚜렷한 변화를 보이기 때문이다(그림 3-5).

낮과 밤, 계절 변화 그리고 태양활동주기에 따른 전리권의 밀도변화는 어느 정도의 규칙성을 보인다. 그러나 태양 플레어 폭발이나 코로나 물질분출과 같은 급격한 우주환경 변화는 전리권을 단시간 내에 급격히 변화시킨다. 태양 플레어에 수반된 엄청난 양의 엑스선은 전리권의 전자밀도를 비정상적으로 증가시킨다. 투과력이 강한 엑스선은 대기층을 깊숙이 투과하여 마침내 전리권 E층 및 D층의 전자밀도까지 증가시킨다. 평상시 D층은 전자밀도가 워낙 낮아 이 영역을 통과하는 전파에 거의 영향을 미

> 전리권내 전자밀도는 낮과 밤, 계절, 태양활동에 따라 일정한 규칙을 가지고 변한다. 하지만 태양 폭발과 같은 급격한 우주환경 변화는 예측하기 어려운 전리권 변화를 일으킨다.

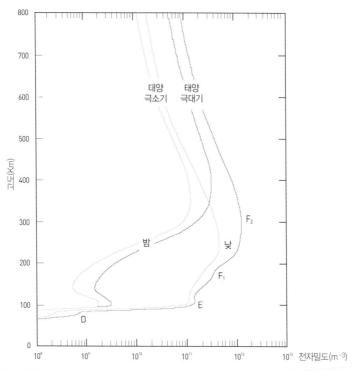

그림 3-5

전리권 전자밀도의 고도에 따른 분포는 낮과 밤 사이에 큰 변화가 있음을 보여 준다. 뿐만 아니라 태양활동의 극대기와 극소기에 따른 전자밀도의 변화도 주목할 만하다.

치지 않는다. 그러나 D층의 전자밀도가 증가하면 어떤 일이 일어날까? 비록 플레어 발생으로 인하여 일시적으로 증가한 전자들이지만 상부의 E나 F층과 마찬가지로 지나가는 전파에 의해서 진동하게 된다. 그리고 이들 역시 상층부에서와 마찬가지로 전파를 재

극지과학자가 들려주는 오로라 이야기

방출한다. 그런데 E나 F층과 달리 D층은 고도가 낮기 때문에 상층보다 중성대기 밀도가 매우 높다. 따라서 D층의 경우 전자가 진동할 때 상층과는 달리 중성대기의 원자나 분자와 빈번히 충돌하게 된다. 이와 같은 충돌로 에너지를 소모하기 때문에 전파를 재방출하지 못하게 된다. 다시 말하면, D층 전자밀도가 증가하면 F층에서 반사되어야 할 전파가 D층에서 그 에너지를 잃어버리게 되는 것이다. 이것을 델린저 현상 혹은 단파페이드아웃이라고 부른다. 이 때 소실된 에너지는 비록 적지만 중성대기의 온도를 상승시키는데 사용된다.

위와 같은 대규모의 전자밀도 교란 이외에도 전리권은 매우 불규칙적이며 소규모의 교란도 자주 발생하는데, 이러한 전리권 변화는 무선통신에 심각한 영향을 미칠 수 있다. 전자밀도가 불균질한 영역이 작은 조각 형태로 나타나며 그 크기는 수 센티미터에서 수 미터, 큰 것은 수 킬로미터에 이른다. 주로 고위도 지방이나 적도부근에 일어나며, 시간적으로는 해질 무렵에 자주 발생하는 것으로 알려져 있고 수시간 정도 지속된다. 물론 이러한 소규모의 교란 현상들도 태양 흑점 극대기 동안 더욱 자주 발생한다. 전파, 특히 극초단파가 이러한 교란 지역을 통과하면 심각한 통신 장애를 받는다. 이것을 전리권 신틸레이션 혹은 전리권 깜빡이라고도 부르며 통신과 항법에 지대한 영향을 미친다(그림 3-6).

그림 3-6

전리권 전자밀도의 불균일성에 의해 전파 신호에 나타나는 신틸레이션 현상. 위성통신에서 전파가 전리권의 불균일한 전자밀도 영역을 통과할 때 전파의 위상이나 진폭에 심각한 교란이 일어날 수 있다.

4장에서 다루게 될 자기폭풍 기간 동안 전리권은 다양한 변화를 경험한다. 이 기간 중 양극 지방에는 오고리가 빈번히 발생한다. 오로라를 일으키는 고에너지 전자들은 고층대기를 이온화시켜 극지방 전리권의 전자밀도를 증가시킨다. 즉 태양의 극자외선 이외에 또 다른 양이온-전자쌍의 생성원이 되는 셈이다. 이 전자들은 지상으로부터 대략 고도 100킬로미터까지 도달하여 전리권 E층의 전자밀도를 증가시키는데 기여하게 된다. 오로라는 우리 눈으로 볼 수 있는 녹색과 적색 이외에도 다양 파장대의 전자기파를 방출

극지과학자가 들려주는 오로라 이야기

한다. 심지어 짧게는 엑스선, 길게는 전파까지 발생시키며, 전자기파의 발생 고도는 대부분 E층이나 F층보다 높은 곳이다. 따라서 이들 파장대의 전자기파들은 전리권에 의해 흡수(엑스선)되거나 반사(전파)되어 외부 우주로 다시 나가버린다. 만약 극지방에 오로라에 의한 전리권 형성이 불가능했다면 오로라가 방출하는 다양한 파장대의 전자기파가 지상에 도달하여 우리가 사용하는 전파와 간섭을 일으켜 무선통신을 불가능하게 했을 것이다. 위성통신이 발달하지 못했던 냉전시대에 미국과 소련 양국은 북극해를 사이에 두고 대치했다. 그 당시 유일한 통신수단이 HF전파였으므로 극지방 전리권의 상태를 정확하게 파악하는 것이 필수적이었다. 인류의 생존을 가장 위협하는 것은 전쟁이다. 그러나 전쟁 중에 과학이 발달하고 그것이 다시 인류의 복지에 공헌한다는 것은 정말 역설적이다. 냉전시대에 오로라 연구기 활발히 진행된 것 역시 아이러니라 하지 않을 수 없다.

자기폭풍 기간에는 오로라가 발생하면서 동시에 남북극 극지 열권의 중성대기가 비정상적으로 가열된다. 한 지역의 대기가 가열되면 팽창하면서 주변으로 바람을 일으킨다. 열권의 바람은 중성대기뿐만 아니라 전리권을 구성하는 전자와 양이온까지 끌고 가려고 할 것이다. 그런데 중성대기의 운동은 자기장의 영향을 받지 않지만 전하를 띤 입자는 자기력선을 가로질러 운동하지 못하고 오

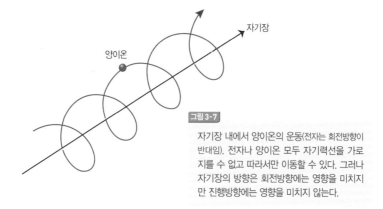

양이온

자기장

자기장 내에서 양이온의 운동(전자는 회전방향이 반대임). 전자나 양이온 모두 자기력선을 가로지를 수 없고 따라서만 이동할 수 있다. 그러나 자기장의 방향은 회전방향에는 영향을 미치지만 진행방향에는 영향을 미치지 않는다.

직 자기력선을 따라서만 운동이 가능하다(그림 3-7). 한편, 다음 장에서 자세히 설명하겠지만, 지구 대기는 전체적으로 지구 자기장속에 놓여 있으며 적도지방에서는 자기력선이 지표면에 대체로 나란한 반면 극지방에서는 지상과 대체로 수직방향을 유지한다(그림 3-8 참조). 물론 중위도 지방은 그 중간쯤인 비스듬한 각도를 유지한다. 따라서 바람이 자기력선에 대해서 어떤 각도고 불어오느냐에 따라서 전자와 양이온은 자기력선을 따라 상승하기도 하고 하강하기도 한다. 예를 들어 북극지방에서 적도 방향으로 바람이 불면 하전입자는 자기력선을 따라서만 움직일 수 있기 때문에 중성대기와는 달리 고도가 상승하게 된다(그림 3-8). 그러나 지표 부근과 달리 고층대기에서는 고도마다 대기를 구성하는 원자와 분자의 조성이 다르기 때문에 각 고도마다 양이온과 전자의 재결합속도가

극지과학자가 들려주는 오로라 이야기

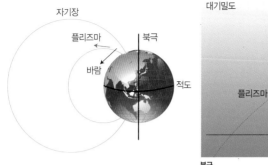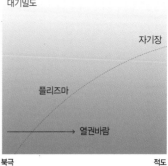

극지 고층대기 열권 바람이 극지에서 적도방향으로 불면 전리권 내 플라스마는 이 바람에 의
해 자기장의 자기력선을 따라 더 높은 고도로 상승하게 된다. 이것은 양이온/전자가 자기력선
을 따라서만 운동할 수 있기 때문이다(그림 3-7 참조). 더 높은 고도에서는 낮은 대기밀도로 인
해 플라스마의 양이온-전자쌍의 재결합률이 더 낮아진다. 물론 열권 바람의 방향이 반대로 바
뀌면 재결합률은 높아진다.

다르다. 따라서 자기폭풍 기간에 이미 형성된 전리권이 중성바람
에 의해 강제 상승 또는 하강하여 중성대기의 조성이 다른 고도로
이동하게 되면 전자-양이온의 재결합 속도가 변하게 됨으로 전자
의 밀도가 증가하거나 감소하기도 한다.

최근 위성통신의 발달과 더불어 단파 통신의 의존도가 매우 감
소했다. 그러나 단파 통신은 아마추어 무선통신을 비롯한 여러 통
신 및 항법에서 여전히 보조 수단으로 사용되고 있다. 위성통신의
경우는 전리권의 플라스마 진동수와는 비교할 수 없을 만큼 고주
파인 마이크로웨이브 대역의 전파를 사용하기 때문에 단파 통신과

는 달리 전리권의 영향을 크게 받지 않는다. 한편 지상으로부터 2만 200킬로미터 상공에서 운행되는 GPS 인공위성 역시 마이크로웨이브를 이용하고 있다. 그러나 GPS위성의 목적은 통신 보다는 정확한 위치 결정에 있다. 일반 위성통신과는 달리 정확한 거리를 추정하기 위한 필수조건은 GPS 신호가 도달하는데 걸리는 시간을 정확하게 측정하는 일이다. 그런데 전파는 진공 중에서는 광속도로 진행하지만 플라스마가 있는 전리권 내에서는 속도가 떨어진다. 따라서 필연적으로 전파의 굴절을 야기한다. 전파의 진행 속도를 결정하는 것이 전자밀도인데 이미 살펴 본대로 전리권의 전자밀도는 시시각각 변한다. 따라서 정확한 거리를 측정하기 위해서는 전리권의 상태를 잘 파악해야만 한다. 특히 전파가 통과하는 구간에 존재하는 전자밀도가 모두 영향을 미치기 때문에 각 층에서의 전자밀도보다는 지상에서 GPS 위성 사이의 고층대기 내의 총전자밀도에 대한 정보가 필요하다 이 전자밀도의 변화 폭은 하루 동안 10배나 되고 11년의 태양주기 동안에도 대략 5배나 된다.

3 전리권과 전파통신

앞서 이야기한대로 전파를 반사시키는 전리권의 특성이 전리권의 발견으로 이어졌다. 그러면 전리권은 어떻게 전파를 반사시킬

극지과학자가 들려주는 오로라 이야기

그림 3-9

시드니 채프먼.

채프먼은 영국 맨체스터 대학과 케임브리지 대학에서 수학을 공부했다. 그리고 케임브리지, 옥스포드 등 여러 교육기관에서 수학을 강의했다. 옥스포드대학에서 은퇴한 후 세계 여러 나라에서 연구와 강의를 수행하였다. 특히 1951년부터 1970년까지 미국의 알래스카대학과 콜로라도 주에 소재한 미국 국립 대기과학연구소의 고공관측소에서 연구를 수행하였다. 그 기간 동안 매년 겨울 3개월은 오로라를 연구하기 위해서 알래스카대학교의 지구물리 연구소에 체류하였다. 그 당시 박사학위 과정중이던 아카소프와 함께 오로라 서브스톰 개념을 처음 도입하였다. 참고로 필자(안병호)는 상기 지구물리연구소에서 아카소푸교수의 지도로 박사학위를 취득한 바 있다.

채프먼은 수학적인 업적 이외에 소위 태양-지구계 물리학이라는 새로운 분야를 개척한 사람이다. 업적 중에는 전리권 형성에 관한 연구, 자기폭풍, 오로라 및 지구의 자기장에 관한 연구, 나아가 자기권의 존재를 예측하였다. 그 외에 오존층의 형성에 관한 연구도 유명하다. 비르케란트 전류의 존재에 대한 채프먼과 스웨덴의 한네스 알펜과의 논쟁은 너무나 유명하다. 채프먼은 너무 수학적인 완벽성을 추구한 나머지 전류의 실체를 인정하지 못하는 오류를 범하였다. 비록 간접적이긴 했지만 1970년대 중반에 인공위성이 그 전류의 존재를 확인하였다. 채프먼은 연구 이외에도 국제지구물리관측년을 제안하고 연구의 총책임자로 활동한 바 있다. 그는 무수히 많은 상을 수상했으며, 미국지구물리학연맹은 그의 업적을 기려 지구물리학의 여러 분야에 걸쳐 개최되는 특별회의를 채프먼 회의라고 명명하고 있다.

까? 여기에 대한 해답을 얻기 위해서는 전파와 전리권내 전자와의 상호작용을 이해해야 한다. 이미 설명한 바와 같이 전리권이 있는 고층대기 영역에는 중성입자와 전하를 띤 전자와 양이온이 공존한다. 즉 전리권은 플라스마의 특성을 가지게 되는 것이다. 또한 이들 플라스마는 정지하고 있는 것이 아니라 끊임없이 운동하고 있다. 보다 엄밀하게 말하면, 양이온의 질량이 전자보다 훨씬 무겁고 둘 사이에는 전기적 인력이 작용하고 있기 때문에 전자가 양이온을 중심으로 진동하고 있다고 생각할 수 있다. 전자는 마치 아주 약한 스프링에 매달려 양이온 주위를 진동하고 있는 것으로 비유할 수 있다. 이미 앞서 지적한 바와 같이 플라스마 내의 전자와 양이온의 밀도는 동일하여 전체적으로 중성일 뿐만 아니라 이들의 분포 또한 균질해서 플라스마 내의 어느 곳에서도 전기적으로 중성인 상태를 유지한다. 그런데 어떤 외부 힘에 의해 전자들이 이와 같은 평형상태에서 벗어나게 될 수 있다. 양이온은 전자에 비해 훨씬 무겁기 때문에 주어진 힘에 대해서 전자는 쉽게 움직이지만 양이온의 움직임은 거의 무시할 수 있다. 그러면 전자와 양이온의 밀도 균형이 깨지게 된다.

밀도의 불균질은 전하의 불균질을 의미하며 이것은 곧 전기장의 형성으로 이어져 서로를 끌어 당겨 다시 평형상태로 돌아가려고 한다. 그런데 양이온은 무겁기 때문에 끌려오는 것은 외부의 힘에 의해 밀려나갔던 전자들이다. 이렇게 해서 형성된 전기장(또는 전기적 인력)은 이들을 다시 원래의 평형상태로 되돌아가게끔 한다. 이것을 복원력이라 하며 전자들을 원래의 평형상태로, 즉 양이온을 중심으로 진동을 하게끔 만든다. 이것은 용수철에 매달려 있는 추를 잡아당겼다가 놓았을 때 추가 진동하는 것과 같은 원리이다. 플라스마의 밀도가 증가하면 외부에서 조그마한 자극에도 전하밀도의 차이가 크게 벌어짐으로 강한 전기장이 형성된다. 따라서 복원력이 커지고 전자의 진동 속도 또한 빨라진다. 따라서 플라스마는 그 밀도에 의해 정해지는 고유의 진동수를 가지게 된다. 이것을 플라스마 진동수라고 하며, 플라스마 밀도(전자 또는 양이온 밀도)에 의해 결정되는 양이다. 따라서 E층의 전자밀도는 F층보다 작기 때문에 플라스마 진동수 역시 F층에서보다 작다. 이와 같이 전리권의 플라스마 진동수는 전파가 전리권을 지날 때 전파의 진동수에 따라 전파를 반사시키거나 투과시키는데 중요한 역할을 한다.

전자기파는 그림 3-10과 같이 전기장과 자기장이 교차 진동하며 전파해 나간다. 그림 3-2에서 보여 주는 것처럼 전자기파 중에서 파장의 길이가 일정한 값 이상이 되면 전파로 불린다. 전자기파가 전리권에 도달하면 전리권에 있는 전자들은 전자기파의 한 요소인 전기장의 영향에 의해 진동하게 된다(이 때 양이온은 전자에 비해 훨씬 무겁기 때문에 전자기파의 영향을 거의 받지 않는다). 그런데

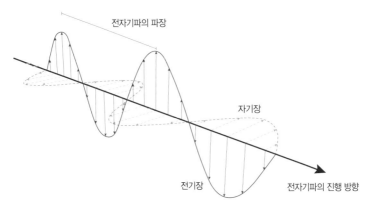

그림 3-10

전자기파가 전파해 나가는 모습. 전자기파를 구성하는 전기장과 자기장은 서로 직각을 이루며 동시에 진행 방향에 대해서도 직각을 이룬다.

전자는 전기장의 영향으로 진동하면 하전입자의 특성상 전파를 다시 방출하는 성질을 가지고 있다(진동하는 모든 하전입자는 그 진동수에 상응하는 전자기파를 발생시킨다!). 이것은 전자를 진동시켜 전파를 발생시키는 것과 같은 원리이다. 앞서 설명했듯이 전리권의 플라스마는 그 밀도에 의해 결정되는 플라스마 진동수라고 하는 고유의 진동수를 가지고 있다. 그런데 전자기파가 전리권을 통과할 때 진동수가 플라스마 진동수보다 작으면 전자기파는 더 이상 진행하지 못하고 반사되어 지상으로 되돌아 가는 것처럼 보인다. 그러나 보다 엄밀하게 얘기하면, 전리권은 전파를 반사시키는 것이 아니라 전파의 진행방향을 굴절시키는 특성을 가지고 있는 것

극지과학자가 들려주는 오로라 이야기

이다. 이것은 전자기파가 전리층을 통과하면서 속도가 느려지기 때문이다. 마치 물속에서 빛의 속도가 느려지기 때문에 굴절이 일어나는 것과 같은 현상이다. 전파가 점점 더 전자밀도가 높은 층으로 진입하면 할수록 점점 더

지상에서 공중으로 쏜 전파 중에서 파장이 긴 일부는 전리권을 거치며 굴절되어 다시 지상으로 반사된다. 우리가 전파를 이용해 다른 대륙의 사람과도 통신할 수 있는 이유다.

많이 굴절하게 된다. 그리고 마침내 전리권 전자밀도에 의해 결정되는 플라스마 진동수의 크기가 전자기파의 진동수와 같아지는 고도에 도달하면 전자기파의 진행방향이 완전히 바뀌어 지상으로 되돌아 가게 되는 것이다. 즉 전자기파는 거울에서처럼 반사되는 것이 아니라 전리권내에서 진행하면서 서서히 진행방향이 바뀌어 마침내 반사되는 것과 같이 지상으로 되돌아가는 것이다. 그러나 전자기파의 진동수가 전리권에서 전자밀도가 최대가 되는 고도에서의 플라스마 진동수보나 크면 전리권에서 반사되지 않고 통과해 외부 우주로 나가데 된다. 다시 말하면, 전리권보다 높은 고도에 있는 인공위성과의 통신을 위해서는 이 플라스마 진동수보다 더 큰 진동수의 전자기파를 이용해야만 가능 하다는 의미다(그림 3-11).

전파는 직진한다. 그런데 지구가 구형이기 때문에 수평으로 전파를 발사하면 먼 거리에 있는 수신기에 도달할 수 없다. 그러나 전리권이 전파를 반사시키는 이러한 성질로 인하여 원거리 무선통신을 가능하게 하였다. 전파는 전리권뿐 아니라 그림 3-11처럼 지

표나 바다에서도 반사되기 때문에 수 차례에 걸쳐 전리권과 지상 사이를 반복해서 반사되면 아주 먼 거리까지 통신이 가능하다. 물론 전파거리가 멀어질수록 전파의 세기가 약해지는 것은 감수해야 한다. 무선통신에서 가장 광범위하게 이용되는 단파 방송은 주로 F 층의 반사를 이용한다. F층의 플라스마 진동수가 약 9메가헤르츠인 것을 고려하면 어떤 주파수를 사용해야 할 지 답이 나온다. 그런데 F층의 전자밀도는 여러 이유로 시시각각 변한다. 따라서 사

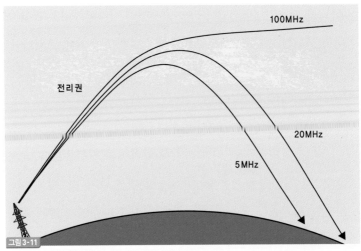

그림 3-11

지상에서 전리권으로 쏘아 올린 전파의 진동수가 전리권의 최대 전자밀도에 의해 결정되는 플라스마 진동수보다 작으면 전리권을 통과하지 못하고 반사되어 지상으로 되돌아가게 된다. 그러나 플라스마 진동수보다 크면 전리권을 통과하여 전리권 밖으로 나갈 수 있다.

극지과학자가 들려주는 오로라 이야기

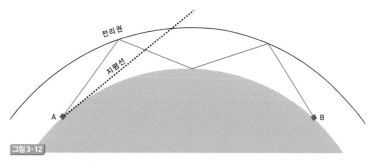

그림 3-12

전파는 직진하는 특성을 가지고 있다. 그래서 전파로 직접적인 교신할 수 있는 거리는 지표면의 곡률에 의해 결정된다. 이보다 더 먼 거리의 통신을 위해서는 전리권 및 지표면 또는 해면상에서 일어나는 반사를 이용하거나 인공위성의 도움을 받아야 한다.

용할 주파수 역시 변하게 마련이다. 뿐만 아니라 지상에서 송신하는 각도에 따라 반사되는 주파수가 달라지기도 한다. 이런 모든 점을 고려하여 방송 시점의 송출 가능 주파수를 산출해야 하며, 주로 12~36메가헤르츠 범위의 주파수 대역을 사용하고 있다. 이보다 고주파수인 FM이나 TV 방송을 위한 전파는 전리권에서 반사되지 않기 때문에 멀리 떨어진 곳에서는 수신이 불가능하다.

4장

태양풍과
지구 자기장

태양에서 방출된 고에너지 입자들은 지구에 가까이 오면 지구 자기장, 즉 자기권과 만나게 된다. 이때 이 입자들이 고층 대기에 도달해 어떤 물리적 과정을 거쳐 오로라를 발생시키는지 알아보도록 하자. 이를 위해 우선 지구 자기장과 태양풍의 상호작용에 의해 형성되는 자기권을 살펴볼 필요가 있다.

북극곰과 펭귄이 걱정스런 표정이다.
북극곰은 촛불을 들고 있고,
새끼곰은 무서운 듯 엄마 옆에 바짝 붙어 있다.

일주일 후면
태양활동이 활발해져서
정전이 일어날지도 모르겠네.

멀리 가면 안 되겠어.
인공위성에 문제가 생길지도 모르고
핸드폰이 잘 안될지도 모르는데

이제는 일기예보뿐 아니라,
우주기상 예보도 챙겨야 한다니까.

지금까지 오로라 발생에 직접적으로 에너지를 제공하는 태양과 오로라가 발생하는 지구 고층대기의 전리권에 대해 알아 보았다. 그러면 이제는 태양에서 방출된 고에너지입자들이 지구에 가까이 오면 우선 지구 자기장, 즉 자기권과 만나게 되는데, 이때 어떤 물리적 과정을 거치면서 고층대기에 도달하여 오로라를 발생시키는지에 대해 알아보도록 하자. 이를 위해서 우선 지구 지기장과 태양풍의 상호 작용에 의해 형성되는 자기권에 대해 간단히 살펴볼 필요가 있다.

1 지구 자기장

오감으로 느끼지는 못하지만 지구는 인간을 비롯하여 지상의 모든 생명체가 안전하게 살아 갈 수 있도록 여러 겹의 보호막을 제공하고 있다. 다른 관점에서 말하면, 지구상 생명체는 지구가 제공하는 환경에서 살아남을 수 있도록 진화해 왔다. 이미 앞에서 살펴 본 바와 같이 고층대기는 태양에서 방출되는 엑스선과 극자외선을 흡수하여 지구 표면으로 들어오는 것을 차단한다. 또한 전리권 아래에 있는 오존층은 인간을 비롯한 생명체에 치명적인 해를 줄 수 있는 파장대의 자외선(100~314 나노미터)마저 흡수해 또 다른 보호막을 제공해 주고 있다. 한편 지구의 자기장은 지구의 가장 바깥쪽에서 태양풍을 위시하여 외계 은하로부터 들어오는 고에너지 입자들을 차단하는 방패 역할을 수행하여 지구상의 생명체를 보호한다. 요즘에 태양계 밖에서 생명체가 존재할 가능성이 있는 외계행성을 찾는 연구가 한창 진행 중에 있는데, 바로 생명체가 존재하기 위한 행성의 필수 조건이 바로 자기장의 존재 여부이다. 몇년 전에 〈코어〉란 재난영화가 상영된 적이 있다. 내용은 지구의 자기장이 갑자기 사라질 경우에 일어나는 재난과 자기장을 회복시키려는 노력을 그린 영화였다. 비록 비과학적인 요소가 많았지만 일반 대중에게 지구 자기장의 중요성을 새롭게 일깨운 영화로 평가된다.

그러면 지구 자기장은 언제 처음 알려졌을까? 고대 중국인들이 자석을 이용하여 항해했다는 기록이 남아 있기는 하지만 과학적인 측면에서의 지구 자기장 연구는 1600년 영국 왕실 의사였던 윌리엄 길버트가《자석》(그림 4-1)이라는 책을 출간하면서 시작되었다고 볼 수 있다. 그는 지구 자기장은 하나의 거대한 막대자석에 의

1600년 영국의 길버트가 출간한 《자석》이라는 책의 표지. 왼쪽은 1600년 초판의 표지이고, 오른쪽은 최근에 출간된 책의 표지다.

한 것과 같다고 주장하였다. 이와 같은 자기장을 쌍극자 자기장이라 부른다. 그 후 관측 기술의 발달에 힘입어 19세기 초 독일의 수학자 겸 물리학자인 프리드리히 가우스는 수학적인 방법을 도입하여 지구 자기장을 분석하였고, 지구 자기장의 원인이 지구 내부에 있음을 증명하였다(가우스는 수학과 과학에서 못하는 게 없었다!). 현재 전세계에는 약 200여 개의 지구 자기장 관측소가 운영되고 있다. 최근 우리나라에서도 극지연구소, 국립전파연구원, 지질자원연구소 및 한국천문연구원에서 지구 자기장 변화를 지속적으로 관측하고 있다.

지구 자기장은 그림 4-2와 같이 지구 내부에 거대한 막대자석을 놓아 두었을 때와 같은 형태를 보여준다. 즉 자석의 N극이 남극에 지구의 자기장은 S극이 북극에, N극이 남극에 있다. 지구의 자전축과 자기장의 지극이 일치하지 않고 약 11도 가량 어긋나 있다. 지구의 자극은 북반구는 캐나다 북쪽에, 남반구는 호주 쪽 남극대륙 해안가에 있다.

그리고 자석의 S극이 북극에 있는 형태이다. 막대자석과 비슷한 특성의 자석으로 만들어져 있는 나침반에서 N극(빨간색 바늘)이 항상 북쪽을 가리키는 것은 지구 자기장의 S극이 북극에 있기 때문이다. 그리고 또 한 가지 흥미로운 사실은 지구의 자전축(지리상 극점)과 지구 자기장의 자극이 일치하지 않고 약 11도 정도 떨어져 어긋나 있다는 것이다. 자극은 북반구의 경우 캐나다 북쪽 북극해 연안에 있고, 남반구의 경우는 호주 쪽 남극대륙 해안가에 있다. 따라서 나침반이 가리키는 북쪽과 지리상 북쪽이 정확히는 일치하지 않는다. 이와 같은 차이를 지구 자기장의 편각이라는 부르는데, 지역에 따라 다른 값을 보이며 극점에 가까워 질수록 그 차이가 심해진다 (그림 4-2).

또한 오로라 타원체는 지자기극을 중심으로 형성되기 때문에 북미 대륙의 경우 동일 위도상의 아시아 지역보다 지자기극에 가깝기 때문에 오로라 관측에 훨씬 유리하다. 그러나 오랜 기간 동안 관측된 지자기 기록을 보면 자극이 점차 서쪽으로 이동하는 경향을 보여주고 있다. 현재의 추세라면 자극은 약 2천 년에 한번씩 자전축 주위를 한 번 회전할 것으로 예상된다. 고려 및 조선 시대에 우리나라에서도 오로라가 빈번히 관측된 것은 그 당시 자극이 현

극지과학자가 들려주는 오로라 이야기

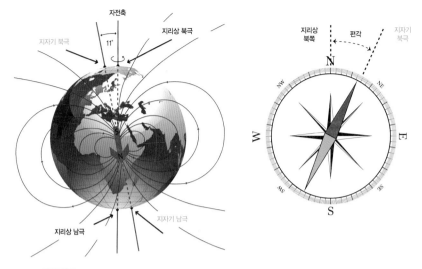

그림 4-2

지구의 자기장은 지구 중심에 막대자석을 두었을 때 예상되는 것과 유사한 형태를 보여준다. 자기장의 극성은 지리적 남북극과는 달리 남극에 N극이, 그리고 북극에 S극이 존재한다. 나침반의 N극이 북쪽을 가리키는 이유는 그곳에 S극이 있기 때문이다. 북반구의 경우 지자기 극은 지리상의 극점, 즉 지구의 자전축으로부터 약11°정도 벗어나 있는데, 대략 캐나다의 북쪽 해안 근처에 위치하며 있다. 따라서 나침반의 바늘이 가리키는 북쪽 방향과 실제 북쪽 방향 사이에는 약간의 차이가 나타나는데 이것을 편각이라고 부른다. 물론 편각은 지역마다 다르다.

재의 위치에 있지 않고 아시아 쪽에 위치했었음을 보여준다. 지구 자기장은 자극의 위치뿐만 아니라 자기장의 방향과 세기도 계속 변하고 있다. 지구자기장의 세기는 가우스가 측정했을 당시보다 약 10퍼센트 정도 감소했다고 한다. 참고로 지구 자기장의 세기는 극지방의 경우 약 0.6가우스 정도다. 태양 흑점에 수반된 자기장에 비하면 미미한 수준이지만 지상의 생명체에게는 없어서는 안 될 중요한 요소다.

또한 지구 자기장의 존재는 전리권 플라스마 운동에 중요한 영향을 미치고, 이것은 전리권 전자밀도 분포의 특성에 핵심적인 영향을 미치고 있다(그림 3-8 참조). 만일 지구 자기장이 없었다면, 지구 고층대기는 지금의 모습보다 훨씬 단순한 모습을 하게 될 것이다. 물론 오로라가 극지방에서만 나타나는 것도 지금과 같은 지구 자기장의 형태 때문이다. 실용적인 측면에서 지구 자기장에 대한 정확한 정보는 인공위성의 운행 및 여러 가지 면에서 우리 생활에 밀접한 연관을 가지고 있다. 그래서 국제측지 및 지구물리연맹의 한 분과인 국제 지자기 및 고층대기 연합은 매 4년 마다 최신 관측 자료를 바탕으로 작성된 국제표준지자기장*이라는 형태로 현재의 자기장에 대한 정보를 제공하고 있다.

지구 자기장은 마치 거대한 막대 자석이 지구 내부에 놓여 있는 듯한 모습을 하고 있다. 그러면 이것은 정말 지구 내부에 막대 자석과 같은 것이 들어 있다는 것을 뜻할까? 프랑스의 물리학자 피에르 퀴리(퀴리 부인의 남편)는 철과 같은 자성체는 온도가 올라 가면 자성을 잃어버린다는 사실을 확인하였다. 이것을 퀴리온도라

---

* IGRF, International Geomagnetic Reference Field 참조
  http://www.ngdc.noaa.gov/IAGA/vmod/igrf.html

극지과학자가 들려주는 오로라 이야기

하며 철의 경우 섭씨 770도다. 그런데 지구 내부의 온도는 이보다 훨씬 높아서 설사 자석이 있다 하더라도 자성을 유지할 수 없다.

그러면 지구의 자기장은 어떻게 생성되는 것일까? 지구의 내부 핵은 주로 철로 구성되어 있고 고온이어서 녹아 있다. 그리고 이 핵 내부는 대류운동을 하고 있다. 이 대류운동은 지구 자전에 의한 효과까지 더하여 복잡한 운동을 하고 있는 것으로 알려져 있으며, 핵 내부의 고온으로 인하여 철의 일부는 이온화되어 전하를 띠고 있다. 전하를 띤 입자들의 운동은 곧 전류가 흐르고 있다는 것을 의미한다. 그리고 전류의 흐름은 곧 그 주위에 자기장을 만든다. 따라서 지구 내부에 흐르는 전류가 지구자기장을 발생시키는 것이다. 이와 같은 자기장의 생성과정을 다이나모 이론이라고도 한다. 아직 보완되어야 할 점이 많음에도 불구하고 이것이 현재 지구의 자기장을 설명하는 가장 대표적인 학설이다

2 태양풍과 자기권

하전입자, 즉 플라스마와 자기장으로 이루어진 태양풍은 지구를 향해 초속 300~700킬로미터로 맹렬하게 불어와서 지구 자기장을 밀어 부칠 것이다. 다시 말해서 압력을 가하게 된다. 반면 지구 자기장은 하전입자의 운동에 대해서 하나의 장애물 구실을 한다('자

기장 내 하전입자의 운동' 참조). 1930년대에 채프먼은 그의 제자인 페라로와 함께 하전입자가 지구 자기장에 미치는 입력과 하전입자가 더 이상 지구 대기로 진입하는 것을 막는 지구 자기장 사이의 상호작용을 연구하였다. 비록 당시 태양풍이라고 불려지지는 않지만 태양으로부터 하전입자의 흐름이 있음을 가정하고 이들이 지구 자기기장에 미치는 압력을 계산하였다. 그리고 태양풍이 지구 쪽으로 접근할 수 있는 최대 거리를 계산하였다. 물론 태양풍이 강력할수록 하전입자들은 더 깊숙이 지구 쪽으로 접근할 것이다. 보통의 경우 태양풍은 지구 반경의 약 10배가 되는 곳까지 접근하는

것으로 알려져 있다. 태양풍은 태양계의 구석구석까지 퍼져 나가지만 지구에 도달하면 지구의 자기장을 뚫고 들어오지 못하기 때문에 지구 주위에 태양풍이 접근할 수 없는 거대한 동공을 형성시킨다. 그리고 지구의 자기장

지구 주위에 태양풍이 접근할 수 없는 거대한 동공이 만들어지는데, 이를 자기권이라 한다. 태양 쪽은 뭉툭하지만, 태양 반대쪽은 달 궤도 너머까지 길게 뻗어 있다.

은 이 공간 안에 갇히게 된다. 이러한 공간을 자기권이라고 부르며, 자기권의 바깥 경계를 자기권계면이라고 한다. 그 형태는 마치 혜성과 같이 태양 쪽은 뭉툭한 반면 반대쪽은 달의 궤도 너머까지 길게 뻗어 있다. 태양의 반대편으로 뻗은 부분을 자기권 꼬리라고 한다(그림 4-3).

태양풍 입자가 자기권으로 들어오지 못한다면 태양폭발이 일어

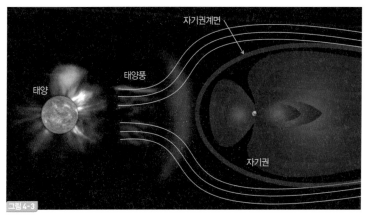

그림 4-3

태양풍의 영향으로 지구 전면의 자기장은 압축되고 반대쪽은 태양풍에 이끌려 혜성의 꼬리 같은 구조를 연출한다. 이와 같은 태양풍과 자기장의 상호작용의 결과로 지구의 자기장은 자기권이라는 공동 속에 완전히 갇히게 된다.

난 후에 어떻게 오로라와 자기폭풍이 발생할 수 있을까? 채프먼과 아카소푸는 지구에 도달한 플레어 중에서 어떤 것은 지구에 영향을 미치는 반면 어떤 것은 아무런 영향을 미치지 않는다는 것을 발견하였다. 이러한 사실은 다량의 하전입자가 지구에 도달하는 것만으로는 오로라나 자기폭풍을 일으키기에 충분하지 않다는 점을 암시한다. 나중에 인공위성이 태양풍을 직접 관측해 보니 태양풍은 하전입자뿐만 아니고 자기장도 수반되어 있다는 점이 확인되었다. 행성간 자기장으로 알려진 태양풍에 수반된 자기장의 방향이 남쪽을 향할 때는 자기폭풍을 위시하여 대규모의 교란현상이 일어나는 반면 북쪽을 향할 때는 지구에 별 영향을 미치지 못한다는 사실이 밝혀졌다. 알펜은 태양풍과 같이 매우 희박한 플라스마는 방출될 때 태양의 자기장을 함께 끌고 나온다는 것을 확인하였다. 그림 4-2와 같이 지구의 자기장은 남쪽에서 북쪽을 향한다. 그런데

태양풍에 내재된 행성간 자기장이 남쪽으로 향한 채 지구에 도달하면 그림 4-4와 같이 서로 방향이 다른 두 종류의 자기장이 낮 영역 자기권계면에서 결합하게 된다. 1961년 영국의 천문학자 제임스 던지가 제안한 가설로 자기력선 재결합이라고 한다. 즉 태양풍에 실려온 온 행성간 자기장의 자기력선과 지구 자기장의 자기력선이 결합하게 된다는 것을 의미한다.

태양풍을 구성하는 하전입자들은 행성간 자기장의 자기력선에 마치 염주 알이 매달려 있는 것처럼 지구에 도달한다('자기장 내 하전입자의 운동' 참조). 즉 하전입자는 자기력선을 따라서만 운동하는 것이 가능하므로 일단 행성간 자기장이 지구의 자기장과 결합하게 되면 태양풍을 구성하는 하전입자들은 지구의 자기권 내로 쉽게 이동할 수 있다. 특히 행성간 자기장이 남쪽을 향할 때, 지구 자기장의 자기력선과 결합되어 태양풍 하전입자들이 자기권을 통해서 지구 고층대기로 유입될 수 있다. 그러나 행성간 자기장이 북쪽을 향하면 결합이 일어날 수 없고 따라서 태양풍은 자기권에 압력을

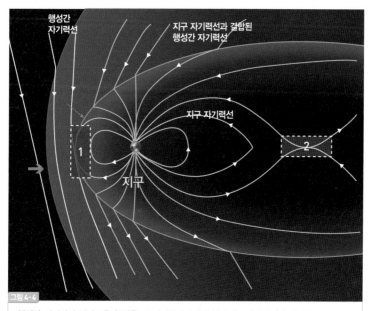

행성간
자기력선

지구 자기력선과 결합된
행성간 자기력선

지구 자기력선

1

2

지구

행성간 자기장이 정남쪽을 향했을 때 자기권계면에서 일어나는 자기력선의 재결합. 상자로 표
현된 1번 위치에서 태양풍의 자기력선과 지구의 자기력선 사이에 결합이 일어난다. 결합된 자
기력선은 한쪽은 행성간 자기력선에 그리고 나머지 부분은 지구의 자기력선에 연결되어 자기
력선은 열린 형태가 된다. 그런데 태양풍이 지구를 지나서 계속 진행함에 따라 열린 자기력선
역시 자기권꼬리 쪽으로 이동한다. 이렇게 연결된 상태로 남반구와 북반구의 극지방을 거쳐서
자기권 꼬리 쪽에 도착하면, 꼬리의 중앙 부분을 경계로 자기력선의 방향이 서로 반대가 된다.
즉 자기력선의 방향이 북반구는 지구 쪽으로 그리고 남반구는 자기권 꼬리 쪽을 향하게 된다.
여기에서도 자기력선 방향이 반대가 됨으로 2번으로 표시된 꼬리 부근 상자 속에서 다시 자기
력선의 재결합이 일어난다. 재결합을 통해서 일부는 닫힌 자기력선이 되면서 지구 쪽으로 되
돌아오고 다른 부분은 태양풍과 함께 지구의 반대편으로 벗어난다. 지구를 향한 자기력선은
지구를 관통하지 못하기 때문에 일부는 아침영역을 나머지는 저녁영역을 거쳐서 다시 정오 영
역에 도착한다. 그곳에서 새로 도착한 태양풍의 자기장과 다시 결합을 일으킨다. 행성간 자기
장이 계속 남쪽을 유지하면서 태양풍이 불어온다면 이와 같은 결합이 계속된다.
노란색 선은 행성간 자기력선으로 지구의 자기력선과는 무관하게 열려 있는 자기력선이고, 분
홍색 선은 지구 자기력선과 결합된 행성간 자기력선으로 한쪽은 행성간 자기력선에 다른 쪽은
지구의 자기력선으로 구성된 열린 자기력선, 녹색 선은 지구의 자기력선으로 닫힌 자기력선이
다. 회색 음영 부분은 자기력선의 재결합이 일어나는 지역을 나타낸다.

가할 수는 있지만 하전입자들이 지구 자기권내로 진입할 수는 없다. 지기권 전면에서 행성간 자기장과 지구 자기장의 결합이 일어난 후 자기력선은 태양풍을 따라 그림 4-4와 같이 밤 쪽으로 이동하게 된다. 북반구와 남반구에서 각각 자기권꼬리에 도달한 자기력선들은 다시 결합하여 일부는 닫힌 지구 자기력선이 되어 지구 쪽으로 되돌아 가고 나머지는 행성간 자기장의 일부가 되어 지구를 벗어난다.

태양풍이 이들 자기력선을 끌고 자기권 꼬리 쪽으로 이동했기 때문에 자기력선은 고무줄처럼 팽팽하게 늘어난 상태이다. 이런 상태에서 재결합이 일어난다는 것은 팽팽한 고무줄을 가위로 싹둑 자른 것과 같은 것을 상황을 연출하게 된다. 그래서 꼬리 쪽의 재결합 영역에서 일부는 지구 쪽으로 나머지는 지구 반대편으로 매우 빠른 속도로 움직인다. 재결합 전에는 열려 있던 자기력선이 재결합 후에는 지구 쪽으로 향한 자기력선은 닫힌 형태가 되고 반대편으로 진행한 자기력선은 열린 형태를 유지하면서 태양풍과 함께 행성간 자기장으로 되돌아 가서 지구를 벗어난다. 그러나 자기권 전면에서의 재결합률이 자기권 꼬리에서의 재결합률을 능가할 경우 자기권 꼬리에는 자기력선이 축적된다. 다시 말해서 자기권 꼬리 부분의 자기장의 세기가 증가하게 된다. 그림 4-2에서의 지구 자기장의 경우처럼 극지방에 자기력선이 몰려 있어 그곳의 자기장

극지과학자가 들려주는 오로라 이야기

이 강한 것과 같은 원리이다. 마치 자기장이 강한 흑점 주위에 자기장 에너지가 축적되는 것과 같이 자기권 꼬리에도 자기장 에너지가 축적되는 것이다.

자기권 전면에서 일어나는 재결합이 꼬리에서 일어나는 재결합을 능가하면 꼬리에서는 재결합을 위해 대기하는 자기력선의 수가 늘어날 것이다. 즉 자기력선의 축적이 일어난다. 그런데 자기력선의 축적은 곧 자기장의 에너지의 축적으로 이어진다. 앞서 언급한 바와 같이 자기력선의 축적은 팽팽히 늘어난 고무줄 다발로 비유할 수 있다. 늘어나 있는 상태의 고무줄은 엄청난 잠재 에너지를 가지고 있을 것이다. 고무줄의 경우는 탄성 에너지이지만 자기장의 경우는 자기장 에너지라고 할 수 있다. 그러나 자기권은 수용할 수 있는 에너지의 양이 한정되어 있기 때문에 무한정 에너지를 축석할 수 없다. 비록 그 이유가 아직 잘 알려지지는 않았지만 축적된 자기력선이 순간적으로 재결합을 하면서 자기장 에너지를 폭발적으로 방출하는 경우가 있다. 마치 늘어난 고무줄을 갑자기 놓았을 때와 같이 급격히 수축하면서 고무줄의 탄성에너지를 방출하는 것과 같은 원리이다. 이때 자기장에 축적되어 있는 에너지 역시 폭발적으로 방출되는데, 이렇게 방출된 에너지는 자기권 꼬리 부근에 있는 하전입자를 지구 쪽으로 빠르게 가속시킨다. 물론 일부는 지구의 반대방향으로 가속된다. 한편 하전입자는 자기력선을 따라서 이동하기 때문에 자기력선의 뿌리가 있는 양극지방으로 모여든다. 이와 같은 과정을 통해서 극지방으로 유입된 고에너지 입자들은 고층대기와 충돌하면서 오로라를 발생시키는 것이다. 이것이 오로라가 극지방에서 관측되는 이유이다. 한편, 태양풍의 고에너지 입자가 직접 자기권으로 유입된다면 낮 쪽에 오로라가 더 밝아야 하겠지만 반대로 자정 무렵이 밝은 이유는 주로 자기권 꼬리 쪽에서 하전입자가 폭발적으로 유입되었기 때문이다.

자기권 꼬리에 축적되는 에너지는 일정 수준에 도달하면 폭발적으로 방출되는데, 이를 자기권 서브스톰이라고 한다.

태양풍에 수반된 행성간 자기장이 남쪽 방향을 계속 유지하게 되면 자기권에서는 앞에서 언급한 바와 같은 자기력선 재결합 과정을 통해서 에너지가 자기권 꼬리에 계속 축적되고, 임계값에 도달하면 폭발적으로 방출되는 과정을 되풀이한다. 이렇게 폭발적으로 에너지가 방출되는 과정을 자기권 서브스톰이라고 부른다. 오로라가 1~2시간의 간격으로 밝게 빛나는 현상을 오로라 서브스톰이라 하는데 이것은 물론 자기권 서브스톰의 결과의 한 단면에 지나지 않는다. 역사적으로 볼 때 오로라 서브스톰은 그 원인이 된 자기권 서브스톰을 발견하는데 결정적인 단서를 제공했다고 볼 수 있다. 자기권 서브스톰, 태양 플레어 및 코로나 물질분출은 모두 자기장의 에너지가 자기력선 재결합을 통해서 폭발적으로 에너지를 방출하는 과정에서 나타난 현상들이다. 그러

극지과학자가 들려주는 오로라 이야기

나 자기력선 재결합 과정과 무엇이 순간적으로 폭발을 일으키는지에 대해서는 아직 확실히 밝혀지지 않은 실정이다.

3 반알렌대

자기권 서브스톰 발생시 자기력선을 따라 극지방으로 모여든 하전입자들은 오로라를 발생시킨다. 그러나 일부 저위도 지방으로 접근한 하전입자들은 지구의 자기력선을 뚫고 지나가지 못하고 자기력선 주위를 회전하면서 동시에 자기력선을 따라 운동하게 된다. 하전입자의 접근 방향이 자기력선과 이루는 각도가 수직이 아닌 경우에는 그림 4-5와 같이 자기력선을 따라 나선운동을 하게 된다. 그렇게 해서 극지방에 도달하면 그곳에서 반사되면서 남반구와 북반구 사이를 계속해서 왕복운동을 한다. 하전입자들이 이렇게 양극에서 반사되는 이유는 자기장이 극지방으로 갈수록 강해지기 때문인 것으로 알려져 있다. 이러한 현상을 자기거울이라 한다. 반알렌대란 이렇게 지구의 자기장에 붙잡혀 있는 하전입자들이

> 반알렌대란 지구 자기장에 갇혀 있는, 띠 모양의 하전입자들을 말한다.

모여 있는 곳을 말한다. 흔히 방사선대로 알려진 이유는 그곳에 방사성 물질이 존재하기 때문이 아니고 하전입자들의 에너지가 너무 커서 그곳을 운행하는 인공위성을 고장나게 하거나 우주인에게 유

운동하고 있는 하전입자는 자기장의 영향을 받는다. 하전입자가 자기장 내에서 받는 힘은 하전입자의 전기량과 운동속도 그리고 자기장의 세기에 의해 결정된다. 그러나 하전입자가 받는 힘의 방향은 자기장과 입자의 진행 방향 모두에 수직인 방향이다. 이것을 로렌츠의 힘이라 한다. 일반적으로는 힘이 물체의 진행 방향으로 작용하면 물체는 가속이 되고 반대 방향으로 작용하면 물체는 감속이 된다. 그러나 물체의 진행 방향에 수직으로 힘이 작용하면 물체의 진행 속도의 크기에는 변화 없이 진행 방향만 변하게 된다. 즉 자기장 내에서 운동하고 있는 하전입자의 경우에도 입자의 진행 방향만 바뀔 뿐이다. 따라서 진행 방향에 수직인 힘을 계속 받으면 결국 하전입자는 자기장 주위로 원운동을 하게 된다. 물론 양이온과 전자의 경우 받는 힘이 서로 반대 방향이므로 회전방향 역시 반대가 된다. 지구가 태양으로부터 받는 힘인 만유인력이 항상 지구가 공전하는 방향에 수직으로 작용하므로 지구는 태양 주위를 원 궤도로 운행하는 것과 같은 원리이다.

자기력선은 자기장이라는 눈에 보이지 않는 현상을 시각화하기 위해 도입된 개념이다. 자기장 속에서 로렌츠 힘을 받은 양이온과 전자는 자기력선 주위를 회전한다. 따라서 하전입자는 자기장의 자기력선을 통과해서 지나가지 못하고 자기력선 주위를 회전할 뿐이다. 다시 말해서 자기력선을 가로질러 이동할 수는 없는 것이다. 한편 하전입자가 자기력 선에 대해서 입사하는 각도에 따라 운동이 달라진다. 수직으로 입사할 경우는 원운동만 하지만 비스듬히 입사하면 그림 4-5와 같이 자기력선 주위를 회전하는 동시에 나선을 그리며 이동한다. 물론 양이온과 전자는 서로 반대 방향으로 회전한다. 결론적으로 자기장은 하전입자에 대해서 하나의 장애물 구실을 하며 오직 자기력선을 따라서만 운동이 가능하게 한다는 점이다. 보통 회전 반지름이 나선을 따라 이동하는 거리에 비해 무시할 수 있을 만큼 작기 때문에 하전입자들이 자기력선을 따라서만 이동한다고 볼 수 있다. 태양풍의 고에너지 하전입자가 행성간 자기장과 지구의 자기력선이 연결될 때 비로소 지구로 진입할 수 있는 이유이기도 하다.

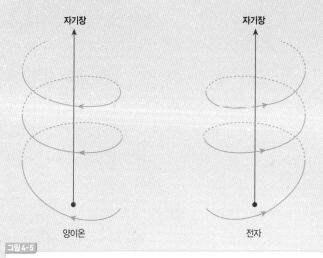

그림 4-5

균일한 자기장 속에서 양이온(왼쪽)과 전자(오른쪽)의 나선운동.

해한 환경을 제공하기 때문이다. 마치 방사성 물질에 의해서 피폭되는 것과 같은 현상이 나타난다. 사실 반알렌은 방사성 물질을 탐색하는데 사용되는 가이거-뮬러 계수기를 인공위성에 탑재하여 고에너지를 가지고 있는 하전입자의 존재를 확인하였다.

반알렌대는 양성자로 구성된 내대와 전자로 구성된 외대로 나눌수 있다. 여기서 주의해야 할 점은 내대는 양성자만으로 구성되어 있고 외대는 전자만 존재하는 것처럼 기술되고 있지만 사실은 그렇지 않다는 것이다. 플라스마는 항상 양이온의 밀도와 전자의 밀도가 같기 때문에 중성이다. 반알렌대 역시 플라스마로 구성되어 있기 때문에 전기적으로 중성이다. 반알렌대가 중요한 의미를 갖는 이유는 하전입자가 존재하기 때문이 아니고 이들이 매우 큰 에너지를 갖고 있기 때문에 그곳을 운행하는 인공위성이나 우주인에게 치명적인 손상을 입힐 수 있다는 것이다. 즉 고에너지의 양성자는 주로 내대에 분포하는 반면에 고에너지 전자는 주로 외대에 분포한다는 의미다. 여기서 고에너지란 알루미늄으로 만들어진 인공위성의 외벽을 뚫을 수 있을 정도로 높은 에너지이다. 고에너지 입자로부터 인공위성을 보호하기 위해서 인공위성의 외벽을 두껍게 만들 수는 있겠지만 그러면 인공위성의 중량 증가로 인하여 발사비용이 급격히 증가하는 문제점이 있다. 그림 4-6은 반알렌대를 나타낸 것으로 내대는 대체로 1500~1만2000킬로미터, 그리고 외

극지과학자가 들려주는 오로라 이야기

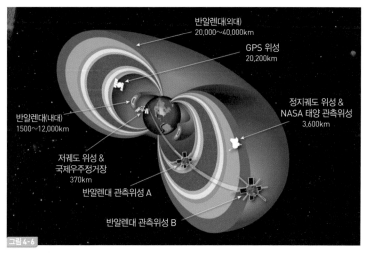

그림 4-6

방사선대(반알렌대)와 지구 주변위성들. 전체 위성 중 다수를 차지하는 저궤도위성들과 국제우
주정거장은 내대 안쪽에 있으나, GPS 위성들은 외대 바로 안쪽에 있다. 그러나 태양관측위성
이나 정지궤도 위성들은 방사선대 외곽에 있다.

대는 2만~4만 킬로미터 상공에 위치한다. 전체적으로 도넛 모양을
하고 있으며 양극지방에는 존재하지 않는다. 그 이유는 양극지방
의 경우 자기력선이 열려 있어 하전입자를 붙잡아 둘 수 없기 때문
이다. 우주왕복선이나 국제우주정거장은 400킬로미터 이하의 궤
도를 운행하기 때문에 우주인들은 비교적 반알렌대의 영향을 적게
받는다. 대부분의 저궤도 위성도 비교적 안전한 우주환경에서 운
행되고 있으나, 정지궤도 위성인 통신/기상 위성, GPS 위성 등 높
은 고도에 있는 위성들은 반알렌대의 직접적인 영향을 받고 있다.

제임스 반알렌(James A. Van Allen, 1914~2006)

방사선대의 발견자로 널리 알려진 그는 미국의 아이오와 대학 교수로 평생 우주과학 연구에 헌신하였다. 그는 채프먼을 포함하여 그의 집에 초대된 몇 명의 과학자들과 함께 국제 지구물리관측년 연구프로젝트를 기획하였다. 그는 반알렌대를 발견하기 전에 오로라를 일으키는 전자에 깊은 관심을 가지고 있었다.

그림 4-7

제임스 반알렌.

그래서 로켓을 이용하여 이들 전자의 흐름을 확인했고 마침내 미국 최초의 인공위성을 이용하여 반알렌대를 발견했다. 여기서 흥미로운 사실은 오로라의 연구가 우주시대를 열었다는 것이다. 지구 주변 우주공간에 하전입자들이 붙잡혀 있을 것이라는 가설은 우주시대 이전에 이미 크리스티안 비르케란트 등에 의해 이론적으로 제안되었다. 반알렌과 아이오와대학 연구팀은 1958년 미국의 최초 인공위성인 익스플로러에 방사선을 측정할 수 있는 가이거-뮐러 계수기를 탑재하고 지구주변의 우주환경을 조사하였다. 데이터를 분석해 본 결과 그의 연구원 중의 한 사람은 "하느님 맙소사, 우주공간은 방사능투성이군요"라는 말을 했다고 한다. 그 만큼 하전입자의 밀도가 예상을 뛰어넘을 정도로 강력했다. 연이어 발사된 인공위성 파이오니어 3호에 의해 외대의 존재가 확인되었고 더불어 방사선대의 전체적인 구조가 정확하게 밝혀지게 되었다. 이와 같은 과학적 성과로 1960년《타임》은 반알렌을 그 해의 인물로 선정한 바 있다. 반알렌대 발견 이후 그는 계속해서 우주탐사선을 이용해서 다른 행성의 방사선대를 연구하였다.

4 자기폭풍

태양활동이 극대기에 도달할 즈음 태양에서는 플레어와 코로나 물질분출이 빈번히 발생한다. 여기에 수반된 태양풍은 보통 때보다 속도도 빠르고 밀도도 높다. 만약 태양풍에 내재되어 있는 행성간 자기장이 약 3시간 이상 남쪽을 향하게 되면 지속적인 자기력선 재결합이 가능하기 때문에 자기권꼬리에서는 자기력선이 축적되고 이로 말미암아 자기장 에너지가 축적된다. 그리고 마침내 폭발적인 자기력선 재결합으로 자기권 서브스톰이 빈번하게 발생한다. 매우 강력한 경우에는 극지방뿐만 아니라 중위도 지방에서도 오로라를 관측할 수 있게 된다. 역사적으로 과학자들은 자기권 서브스톰이 여럿 모여서 자기폭풍이 발생한다고 믿었다.[7] 왜냐하면 자기폭풍 기간에 자기권 서브스톰이 빈번히 발생하기 때문이다. 이것은 곧 자기폭풍은 그보다 작은 자기권 서브스톰이 축적되어 나타나는 현상으로 해석한 것이다. 일부 학자는 자기권 서브스톰의 발생이 자기폭풍 발생의 필요조건이 아니고 단지 행성간 자기장이 남쪽으로 수시간 지속되는 것만으로도 자기폭풍의 발생이 가능하다는 주장을 펴고 있다.[8]

여러 차례에 걸쳐 자기권 서브스톰이 발생하면 다량의 고에너지 하전입자가 자기권꼬리로부터 지구로 쏟아져 들어온다. 이들은 오로라를 발생시키며 또한 반알렌대의 플라스마 밀도를 증가시킨다.

자기권 서브스톰 발생시 북반구에서 지구를 내려다 보았을 때 자기권 꼬리로부터 진입하는 전자는 시계 반대 방향으로, 그리고 양성자는 시계 방향으로 표류하는 성질이 있다. 전류는 전기를 띤 입자의 흐름으로 정의되며, 만약 동일한 양의 양성자와 전자가 같은 속도로 지나간다면 총 지나간 전기량의 합은 0이므로 전류의 흐름 역시 0이 된다. 전리권을 포함해서 지구주변 도처에 플라스마가 존재하지만 대부분 전류를 발생시키지 않는 이유는 바로 이 때문이다. 그러나 지구 적도면을 따라서 전자와 양성자가 서로 반대 방향으로 운동하게 되면 전류가 발생한다(전류의 방향은 양이온의 운동 방향과 같은 반면 전자의 운동방향과는 반대다). 따라서 지구를 중심으로 적도면 상에 양성자의 운동방향 혹은 전자의 운동방향의 반대인 시계방향으로 흐르는 거대한 전류대가 형성된다. 이것을 환전류대라고 부른다. 인공위성의 관측에 의하면 자기폭풍 기간 중 발달하는 환전류는 반알렌대를 구성하는 고에너지 하전입자들이 아니고 그 보다 에너지가 작은 양성자와 전자들로 이루어진 것으로 밝혀졌다. 환전류는 대체로 지구 중심으로부터 지구 반경의 4~6배의 거리에 분포하며 그 구성입자들은 대부분 태양풍에서 기원을 둔 것으로 확인되었다.

지구의 적도면에 시계 방향으로 흐르는 거대한 전류대가 형성되는데, 이를 환전류대라고 한다. 지구 반경의 4~6배 거리의 고도에 분포하며 그 구성입자들은 태양풍에 기원을 둔 것으로 알려져 있다.

전류가 흐르면 그 주위에 자기장이 형성된

극지과학자가 들려주는 오로라 이야기

다. 따라서 환전류 역시 자기장을 만든다. 암페어 법칙에 의하면 자기장 방향은 전류를 오른손으로 감아 잡았을 때 엄지를 제외한 손가락 방향이 된다. 이와 같은 환전류는 지구 표면 모든 곳에서 남쪽을 향하는 자기장을 일으킬 것이다. 이 방향은 남쪽에서 북쪽을 향하는 지구의 자기장과 정반대다. 그 결과 비록 작지만 환전류는 지표면에서 관측하면 지구의 자기장을 감소시키는 것으로 알려져 있다. 지구 자기장의 감소 폭이 약 1퍼센트 정도가 되면 매우 강력한 자기폭풍으로 간주된다. 자기폭풍의 강도는 환전류에 의해 지구 자기장이 감소되는 정도로 표현될 수 있다.

> 자기권 서브스톰에 의해 적도면에 환전류가 발달하게 되는데, 이렇게 환전류가 발달하는 시기를 자기폭풍의 주상이라고 한다.

비교적 짧은 시간에 여러 차례의 자기권 서브스톰이 발생하면 환전류 역시 단시간에 발달한다. 이렇게 환전류가 급격히 발달하는 기간을 자기폭풍의 주상이라고 하고 이후 여러 가지 작용으로 인하여 양성자와 전자의 밀도가 감소하면서 지구 자기장은 원래 상태를 회복한다. 이때를 자기폭풍의 회복기라고 부른다. 전형적인 자기폭풍의 경우 주상은 보통 수시간에서 길게는 하루 정도 그리고 회복기는 수십 시간에서 1주일까지 지속된다.

　자기폭풍은 우주기상변화를 야기하는 가장 중요한 원인으로 지구 고층대기에 대단히 큰 영향을 미친다. 자기폭풍이라는 말이 암시하듯이 지구 자기장에 마치 "폭풍"과 같은 변화가 생기면서 동시에 다양한 형태의 에너지가 지구 자기권과 고층대기에 유입되어 전 지구적인 변화를 일으키는 것이다. 오로라는 그와 같은 변화 중 우리가 맨눈으로 확인할 수 있는 한 가지 현상에 불과하다. 자기폭풍 발생 시 오로라를 일으키는 고에너지 입자와 함께 전기적인 에너지가 자기권을 거쳐서 지구 고층대기로 들어오는데, 이들은 우선 전리권을 크게 교란시킨다. 그리고 차례로 열권으로 그 영향이 확대되어 고층대기 전체에 전지구적인 변화를 일으킨다. 이러한 변화들이 우주기상 현상의 주요 원인이 된다.

5 우주환경변화 - 우주기상

태양은 가시광선 영역 이외에 극소량이지만 극자외선 및 엑스선 영역의 복사에너지와 주로 양성자와 전자로 구성된 태양풍이라고 불리는 입자 형태의 에너지를 방출한다. 이들 중 단파장대의 전자기파 복사는 전리권을 만들고, 입자복사는 지구자기장과의 상호작용으로 자기권이라는 독특한 환경을 만든다. 우주환경이란 이렇게 형성된 영역으로 지표에서 비교적 가까운 고층대기 열권과 전리권 그리고 자기권, 나아가 행성간 공간에 이르는 태양계 내 우주공간을 통칭한다. 태양 복사에너지의 경우, 단파장대 영역은 가시광선과는 달리 태양활동에 따라 그 방출량이 수배에서 수 천 배 혹은

한네스 알펜(Hannes Alfvén, 1908~1995)

스웨덴의 물리학자로 자기유체역학의 연구에 대한 공로로 노벨 물리학상을 수상하였다. 자기유체역학이란 플라스마와 자기장의 상호작용을 연구하는 분야이다. 알펜은 이 연구를 통해 태양풍, 오로라, 전리권 및 자기권 등의 현상을 규명하는데 지대한 공헌을 하였다.

그림 4-8

한네스 알펜.

하전입자는 자기력선 주위를 원운동 하기 때문에 알펜은 자기력선과 하전입자 사이의 관계를 마치 실에 구슬이 꿰어 있는 것으로 보았다. 그러면 실을 움직이면 구슬이 따라 움직이고 반대로 구슬을 움직이면 실이 따라 움직일 것이라고 주장했다. 마치 자기력선이 플라스마에 얼어붙어 함께 움직인다고 해서 동결 자기력선이라 불렀다. 단 플라스마의 밀도가 지극히 희박하다는 가정이 필요하다. 물론 하전입자는 자기력선을 따라서는 자유롭게 움직일 수 있다. 이러한 연구결과를 처음 발표하였을 때 아무도 믿어주질 않았다. 미국 시카고 대학에서 이 연구결과를 발표할 때 원자로를 처음 개발한 페르미가 청중석에 있다가 그 연구결과를 인정함으로써 그 후 모든 사람이 인정하게 되었다는 에피소드가 있다.

현악기의 현은 굵기에 따라 음의 높이가 다르다. 현이 굵을수록 저음을 낸다. 그 이유는 현이 무거우면 진동이 전해지는 속도가 느려지기 때문이다. 알펜은 이 점에 착안하여 플라스마의 밀도가 높으면 다시 말하자면 자기력선에 플라스마가 많이 매달려 있으면 자기력선을 진동시켰을 때 전해지는 속도가 느려질 것이라고 주장하였다. 이렇게 자기력선을 통해 전해지는 파동을 그의 이름을 따서 알펜파라 부르며 우주환경을 연구하는데 없어서는 안될 요소로 자리잡게 되었다.

149

우주환경의 급격한 변화는 첨단 전자기기의 성능에 나쁜 영향을 미칠 뿐 아니라, 인간의 생명과 건강에까지 치명적일 수 있다.

그 이상으로 급격히 변화한다. 따라서 우주환경은 대류권과는 달리 그 상태가 단시간 내에 급격하게 변할 수 있다. 이와 같은 우주환경의 급격한 변화는 우주공간 및 지상에 설치된 최첨단 기기의 성능과 신뢰성에 영향을 미치고 인간의 생명이나 건강에까지 영향을 줄 수 있으므로 인류에게 다양한 사회·경제적인 손실을 유발할 수 있다(그림 4-9).[9] 특히 21세기에 이르러 인류는 인공위성으로 대표되는 최첨단 기기에 더욱 의존하게 되어 우주공간은 더 이상 인류와 무관한 공간이 아니라 우리의 사회·경제활동이 직접 일어나는 무대가 되고 있다. 따라서 최근에는 우주환경의 변화를 예측하고자 하는 우주기상이라는 연구분야가 도입되었다. 여기서는 몇몇 중요한 사회기반시설이 우주환경변화에 어떻게 영향을 받는지를 살펴본다.

1989년 3월 초에 발생한 자기폭풍으로 인하여 전 세계는 화려한 오로라를 목격했다. 오로라는 심지어 미국의 플로리다와 쿠바에서도 관측되었으며 북반구에 거주하는 사람들에겐 지난 수십 년간 가장 인상적인 순간 중의 하나였다. 이 자기폭풍이 발생했을 때 세계 도처에서 화려한 오로라 축제를 즐긴 반면, 캐나다 북동부 퀘벡 주에서는 새벽 2시 44분에 대규모의 정전사태가 일어나서 수백만 명의 주민들이 9시간이나 전력 공급을 받지 못한 채 공포에 떨

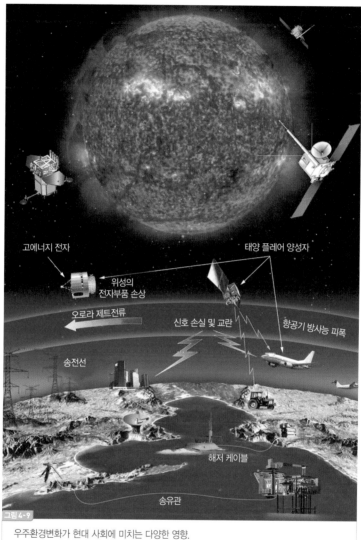

고에너지 전자

위성의
전자부품 손상

태양 플레어 양성자

오로라 제트전류

신호 손실 및 교란

항공기 방사능 피폭

송전선

해저 케이블

송유관

그림 4-9

우주환경변화가 현대 사회에 미치는 다양한 영향.

어야 했다. 오로라가 발생하면 오로라 타원체를 따라서 강력한 전류가 발달한다. 이것을 오로라제트전류라 부르며 극지방에서 관측되는 지자기변화의 주요 원인이 된다. 보통 전리권에서 흐르는 이 전류는 1989년 자기폭풍 때는 지상에까지 영향을 미쳐, 지상의 시설물 중 거대한 도체, 예를 들면 송전선, 송유관, 해저케이블 등에 지전류라 불리는 강력한 유도전류geomagnetically induced current, GIC를 발생시켰다. 그런데 송전망은 교류 전류를 잘 흐르도록 설계되어 있어 지자기 변화에 의해 유도된 직류 전류를 제대로 대처할 수가 없었다. 따라서 퀘벡 지역의 대형 변압기에 손상이 생겨 정전사태를 유발시켰던 것이다.

퀘벡주의 주민 절반 이상에 해당하는 3백 만 명이 몬트리올에 거주하고 있다. 이곳은 30킬로미터가 넘는 유명한 지하 통로가 6개의 대형 빌딩, 2개의 대학 및 수천 개의 상점과 업체를 연결하고 있다. 추위를 피하기 위해서 5십만 명이 넘는 사람들이 매일 이곳을 이용한다. 이곳 통로를 이용하던 보행자들은 갑작스런 정전으로 인해 지상으로 탈출하는데 어려움을 겪었다. 몬트리올의 한 신문사는 정전으로 하루 동안 신문을 발행하지 못했다. 무게가 수 톤이 넘는 신문용지 두루마리들이 갑자기 정지하면서 윤전기를 마비시키고 찢어져 버렸다. 학교와 기업체는 정전 사태로 임시 휴무하게 되었고, 아침 출근 시간에 지하철이 폐쇄됨은 물론 비행장이 마비되어 항

극지과학자가 들려주는 오로라 이야기

공기 이착륙의 지연 사태가 벌어졌다. 주민들은 차가운 아침 식사를 하고 출근했지만 가로등이 나가고, 신호등이 작동되지 않는 거리에서 어려움을 겪어야 했다. 대부분 대도시처럼 24시간 근무 체재로 운영이 되는데, 이른 아침에 야간 근무조가 교대받지 못하고 몬트리올 도심의 빌딩에 남아 있었다. 모든 빌딩은 칠흑같이 어두웠고 지친 직원들이 사무실, 계단 및 승강기에 갇혀 있기도 했다.

1994년 1월 20일은 태양 활동이 비교적 약한 시기였다. 태양 플레어가 발생한 것도 아니고 심각한 엑스선 방출도 없었다. 다만 1월 13~19일에 걸쳐 일련의 흑점들이 태양표면에서 스쳐 지나갔다. 태양은 비교적 조용했지만, 고에너지 전자가 평상시의 태양풍 속도보다 훨씬 빠른 속도로 지구에 접근했다. 이때 지구 주위의 정지궤도 위성에 전하가 축적되기 시작했다. 쉽게 방전이 일어나는 지상에서의 정전기와 달리 위성에 축적된 전하는 방출될 방법이 없기 때문에 계속 축적되어 마침내 수백 혹은 수천 볼트의 전압차가 생기게 된다. 이렇게 축적된 전압차는 경우에 따라 위성의 내부 회로망을 통해서 방전되어 위성제어에 문제를 일으킬 수 있다. 캐나다의 통신회사가 소유한 통신위성 에닉 E1과 E2는 1991년에 발사되었는데, 캐나다는 국토가 광대하고 서로 멀리 떨어진 소수의 도시에 인구가 집중되어 있어 이 위성은 정보의 생명줄이 되었다. 이 위성들은 적어도 2003년까지 운영될 것으로 예상되었지만,

1994년 1월 20일 위성에 문제가 생긴 것이다. 고에너지 입자가 유입되면서 E1 위성 표면에 전하가 축적되기 시작했고, 곧 위성의 자세 제어장치가 고장 나면서 서비스가 단시간에 중단되었다. 그 날 내내 100여 개의 신문사와 450여 개의 라디오 방송국에 뉴스가 전달되지 못했다. 뿐만 아니라 캐나다 북부 40여 개 지역에서는 전화 서비스가 되지 않았다. 약 70분 후 오후 9시 10분경 E2 위성의 제어장치 역시 고장이 났고, TV 방송이 중단되어 360십만 명의 캐나다 주민이 텔레비전을 볼 수 없었다. 그 후 여러 방법을 동원해서 위성의 기능을 회복시키려는 노력이 있었지만, 완전한 복구는 불가능했고, 위성의 수명도 현저히 단축되었다. 이로 인하여 캐나다는 막대한 경제적 손실을 입었음은 말할 필요도 없다.

태양에서 방출된 고에너지 양성자가 태양전지 패널에 있는 규소 원자와 직접 충돌하여 이들의 위치를 심각하게 변형시킨다. 이것은 곧 태양전지의 전력생산 효율을 낮추는 결과로 이어진다. 인공위성은 운용에 필요한 전력을 대부분 태양전지로부터 얻기 때문에 이는 곧 위성의 수명단축으로 이어진다. 뿐만 아니라 고에너지 양성자의 경우 위성의 외벽을 뚫고 들어가 직접 전자부품의 메모리 칩을 손상시키기도 한다. 태양활동이 위성의 기능에 미치는 또 다른 효과는 고층대기의 팽창이다. 비록 서서히 일어나긴 하지만 태양활동이 증가하면 고층대기가 가열되고 이어서 팽창하게 된다.

비록 저궤도 위성이라 할지라도 일반적으로 공기 저항이 매우 적은 고도에서 운행되고 있다. 그러나 대기가 팽창하면 위성 궤도 주변의 공기밀도가 증가하고 따라서 공기저항을 증가시킨다. 인공위성이 공기저항으로 인한 과도한 마찰을 받으면 속도가 줄어들고 따라서 고도가 하강하여 마침내 지상으로 낙하하게 된다. 즉, 위성 궤도상 공기 밀도가 증가하면 위성의 수명이 짧아지게 되는 것이다. 지난 25년간 인공위성의 고장으로 인한 미국의 총 손실액은 19개의 민간위성 대체 비용으로 40억 달러 그리고 21개의 통신위성의 기능저하로 야기된 손실액 8억 달러를 포함해서 총 48억 달러에 달했다. 현재 우주환경 변화와 관련된 상업위성의 연간 손실액은 미국의 경우 약 1억 달러로 추산된다. 비록 공개적인 발표는 없었지만 군용위성의 손실액도 거의 연 1억 달러에 육박하는 것으로 알려져 있다. 2012년 전세계 인공위성의 총 매출액이 1900억 달러이고 연간 성장률이 7퍼센트라는 점을 감안한다면 향후 우주기상과 관련되어 일어나게 될 손실액을 짐작할 수 있을 것이다.[10]

태양풍을 포함하여 우주에서 날아오는 고에너지 입자space radiation는 항공기의 운항뿐만 아니라 승무원과 승객에게도 영향을 미친다. 태양과 우주에서 날아 온 초고에너지 입자인 우주방사신은 지구 대기층에 도달하여 약 12킬로미터 상공을 운행하는 비행기 승객에 영향을 준다. 1990년 국제방사선보호위원회는 비행기 승무원의 우주방사선에 대한 건강상의 위험요인을 확인했으며 그 후 항공 규제 당국에서 권고사항으로 채택이 되었다.[11] 특히 2000년부터 유럽 항공사 승무원을 방사선 근로자로 불렀으며 항공사는 고용인에 대한 건강검진의 일환으로 승무원의 방사선 피폭 상태를 모니터 하기 시작했다. 미국의 경우 1994년부터 연방항공국이 우주방사선의 위험성을 인지하고 항공사들로 하여금 위험에 대처하도록 지원을 시작했다. 2003년 10월 미연방항공국은 남 북위 35도 이상의 영역을 운항하는 항공기는 과다한 방사선 피폭에 노출된다고 경고하는 공식적인 공고문을 발행하였다.

항공기 승무원은 방사선에 노출되는 가장 대표적인 직종으로 일단 항로에 진입하면 이를 피할 방법이 없다. 반면에 다른 직업군은 두꺼운 차폐막 속으로 들어가면 고정된 방사선 생성원으로부터 피할 수 있다. 그리고 환기 장치를 통해서 공기 중에 있는 라돈과 같은 방사성 원소를 제거할 수 있다. 비행기의 경우 방사선의 피해를 줄이기 위해서는 항로를 변경하거나 저공비행을 해야 한다. 개개 승무원의 누적 방사선 피폭량이 증가한 경우 장거리 노선 근무에서 단거리 노선 근무로의 조정을 통해 관리하기도 한다(유럽의 경우 법적 의무사항임). 순항 고도에서의 근무 시간을 줄이면 비행기 승무원은 방사선 피폭량을 50퍼센트나 줄일 수 있다. 이러한 모든 조치들은 연료 소모 증가 등 항공사로 하여금 더 많은 경비를 부담

하게 한다.

현대사회에서 GPS가 인류에 미치는 영향은 아무리 강조해도 지나치지 않을 것이다. GPS의 핵심은 수신기의 정확한 위치 결정이다. 비교적 단순한 이 한 가지 정보가 주는 활용성은 상상을 초월한다. 현대의 일상생활에서 흔히 접하고 있는 자동차 네비게이션, 휴대전화 위치 정보 추적 이외에도 GPS의 활용은 무궁무진하다. 몇 가지 응용영역을 살펴본다. ❶GPS 수신기는 고가의 원자시계 없이도 천억 분의 1초까지 정밀한 시간을 소비자에게 제공해 준다. 이러한 능력은 회사들이 그들의 네트워크 컴퓨터나 기기들의 시간을 동조화시키는데 엄청난 위력을 발휘한다. ❷GPS 네비게이션 기술은 화물 이동 경로를 추적하여 예측하는 것을 가능하게 하므로 물류 시스템의 혁명을 일으키고 있다. ❸GPS는 자동차가 도로를 벗어나려 할 때 운전자에게 경고함으로써 치명적인 고속도로 사고를 혁신적으로 감소시킬 수 있을 것이다. ❹GPS 응용기술은 농부로 하여금 농지 측량, 토양 샘플, 트랙터 운용, 작물 선택, 수확량 추정 등 정확한 농업기술을 획득할 수 있게 해준다. 예를 들면 GPS는 정확한 양의 살충제, 제초제 및 비료 양을 제시해 줌으로써 저비용으로 수확량을 늘릴 수 있게 해 준다. ❺GPS는 선원으로 하여금 선박의 위치를 가장 빠르고 정확하게 결정하는 방법을 제공해 준다. 이것은 유조선에 의한 원유 수입과 원유 유출에 의한 환경 오염 가능성 등을 고려할 때 국가에 엄청난 혜택이 될 것이다. 이러한 중요성을 고려할 때 GPS신호가 우주기상 이변으로 인해 비록 짧은 기간 동안이나마 그 정확도가 떨어지면 큰 손실을 유발할 것이다. 예를 들면, 쓰나미 경보시스템의 오류 등, 사회 경제적으로 막대한 손실을 초래할 수 있는 것이다.[12] 수십여 대의 GPS 위성들의 운영 자체에 미치는 영향도 무시할 수 없는 것은 물론이다. 특히 GPS 위성들은 약 2만 킬로미터 고도의 우주 공간에 상주하고 있어 우주환경변화에 더욱 민감하다.

　최근 미연방 항공국은 항공기 이착륙의 효율 및 정확도를 높이기 위해 GPS를 이용한 WAAS**Wide Area Augmentation System**라는 프로그램을 개발하였다. 그 기본 원리는 전리권에 존재하는 총전자량을 정확히 예측하고 이로 인한 GPS신호의 지연을 보정하는 것이다. 참고로 GPS 위성과 지상과의 통신에서 가장 큰 오차 요인은 GPS 위성과 지상 사이에 있는 전리권 내 전자들의 존재이다. 이 오차를 보정하기 위해서는 전자밀도의 정확한 정보가 필수적이다. 이렇게 보정된 값과 추가 정보들은 두 기의 정지위성을 통해서 사용자들에게 배포된다. 대부분의 경우 정보의 손실이 없을 뿐만 아니라 정밀한 보정이 가능하다. 그러나 전리권 교란이 심해질 때는 허용될 수 있는 범위를 초과하는 오차를 유발하게 된다. 따라서 전리권 교란지역에서는 정확한 정보를 제공할 수가 없어 항공기의

2007년 미국 기상학회에서 우주기상이 항공기운항에 미치는 영향에 관한 워크숍이 열렸을 때 사용한 포스터.

착륙 시 착륙유도를 위한 시스템의 정밀도가 떨어지게 된다. 특히 우주기상 변화는 수직방향으로의 비행유도에 최대의 제약 요소가 된다. 2003년 10월 수 차례의 자기폭풍 기간 동안 수평방향의 운항유도는 항상 가능했지만 연직방향의 유도 서비스는 약 30시간 동안 불가능했던 적이 있었다. 그래서 대규모의 자기폭풍이 일어날 때 항공운항 시스템이 WAAS에 의존한다면 비행 지연 등 막대한 사회 경제적인 손실이 유발될 수 있다.[9] 미국에서는 우주기상이 항공관련 산업에 미치는 영향을 규명하고 그 대책을 논의하기 위해 매년 우주기상워크숍을 개최하고 있다(그림 4-10).

대한민국 최초의 남극 기지인 세종과학기지.
세종기지는 남극 반도 끝단의 섬에 위치하고 있고,
자남극은 남극대륙을 사이에 두고 세종기지 반대편에 있기 때문에
세종기지에서는 오로라가 지금까지 관측된 적이 없다.

• 남극세종과학기지 제25차 월동연구원 지건화 제공

마치는 글

극한의 동토 밤하늘 상공에
서 펼쳐지는 새벽의 여신 오로라의 화려한 춤사위는 보는 이로 하
여금 경외심을 불러 일으키기에 충분하다. 에스키모의 한 부족은
오로라를 불길한 징조로 받아들였다. 사실 산업화가 본격적으로
이루어지기 전인 19세기 중반까지만 해도 오로라는 신비의 대상
혹은 공포의 대상으로 여겨졌을 뿐이었다. 그러나 오늘날 우리는
태양 쏙발이 쇠첨던 기기 등 인간에게 신각한 영향을 미칠 수 있다
는 것을 잘 알게 되었다. 오로라는 태양폭발로 인하여 나타나는 지
구 주변 우주환경 변화를 알려주는 유일하게 맨눈으로 관측이 가
능한 현상이다. 이런 점을 고려한다면 그 아름다운 자태에도 불구
하고 오로라를 불길한 징조로 여겼던 옛사람들은 미래를 내다보는
혜안을 갖고 있었던 것 같다.

이제 태양 활동에 따른 우주환경변화 혹은 우 주기상현상은 통상
의 날씨와 같이 우리가 살아가는 환경의 일부가 되었다. 마치 대류

권의 기상재해가 태풍이나 홍수 등에 국한된 것이 아닌 것과 같이 우주기상 역시 인공위성의 고장이나 기능장애, 송선설비의 파괴 혹은 우주비행사의 피폭에 한정된 것이 아니다. 기상이 우리가 살고 있는 대기 및 지상의 상태를 기술하는 것과 같이 우주기상이란 인공위성이나 우주탐사선이 운행하는 지구 주변 우주환경의 상태를 기술하는 것이다.

그러므로 우주기상은 우주시대를 맞이하는 인류에게 필연적으로 생활의 일부가 될 수 밖에 없으며, 전통적인 기상현상과 마찬가지로 피해가 발생했을 때에야 비로소 그 중요성이 부각된다. 현대사회는 중요한 사회기반시설이 서로 복잡하게 얽혀있다. 때문에 극심한 자기폭풍으로 인하여 대규모의 정전사태가 발생한다면 2차적으로 혹은 연쇄적으로 수많은 다른 사회기반시설이 영향을 받게 된다. 직접 영향을 받은 지역에서는 말할 것도 없고 광범위한 지역에 걸쳐 다양한 서비스가 중단될 수 있다. 장시간에 걸친 긴 정전은 교통, 통신, 은행 및 금융 시스템 그리고 행정서비스를 중단시킨다. 또한 배수시설의 중단으로 수돗물 공급이 불가능해지며 냉장고의 가동이 멈추므로 음식물 및 의약품이 부패하게 된다. 통신의 불통, 단수나 교통신호의 고장 등이 응급구조 활동에 심각한 지장을 초래할 가능성이 있다.[12]

정부기관에 정전사태가 발생하면 매우 치명적이다. 정전으로 단수가 되면 물을 사용하는 공중보건이나 화재 진압과 같은 응급 서비스에 심각한 문제를 야기한다. 정전 상태가 1개월 지속되면, 역내의 급수, 교통, 응급 서비스, 주요 제조업 등의 광범위한 중단 상태가 벌어진다. 이는 곧 정치·사회적인 문제로 비화될 소지가 있다. 자기폭풍이 일어난 후 시간이 경과되면 경제적인 손실 보다는 보건과 안전을 더 걱정하게 된다. 이것은 정책 집행의 견지에서 보면 매우 중요하다. 왜냐하면 정부기관들은 우주기상 이벤트가 언제 위기로 치닫는지 그리고 이에 대한 대처 방안을 심각하게 고려해야만 하기 때문이다.

그리고 정부의 각 부처가 언제, 어떻게 그리고 어느 정도로 개입해야 하는지에 대한 편람을 작성해야 할 것이다. 최근 우주재난에 대한 인식이 확산되면서 미국을 위시한 선진국에서는 우주기상의 중요성을 일깨우는 한편 다양한 연구를 수행하고 이를 바탕으로 실제적인 우주기상 예보를 실시하고 있다. 우리나라에서도 극지연구소, 국립전파연구원, 한국천문연구원 및 기상청에서 우주기상을 연구하고 있으며, 특히 제주도에 위치한 국립전파연구원 산하 우주전파센터*에서는 정기적으로 우주기상예보를 실시하고 있다. 이런 세계적인 추세에 발맞추어 안전행정부에서는 우주기상변화에 따른 우주재난을 새로운 국가재난 사태의 일부로 인정하고 이를 기존의 재난대처 프로그램에 추가하였다.

* http:/www.spaceweather.go.kr

용어설명

● 극자외선^{EUV}

태양에서 방출되는 전자기파 중에서 파장의 길이가 10에서 100nm 정도로 주로 고층 대기를 이온화 시켜 전리권을 형성하는데 기여한다.

● 반알렌대

지구 중심으로부터 대략 지구반경의 1.2배에서 6배에 이르는 공간에 하전입자들이 지구 자기장에 붙잡혀 지구의 남북반구 및 동서방향으로 왕복운동을 하고 있다. 반알렌대는 2개의 영역으로 나누어지는데 안쪽 내대는 주로 고에너지의 양성자로 반면 바깥 외대는 주로 고에너지 전자로 구성되어 있다. 반알렌교수가 이끄는 미국 아이오아 대학 연구팀이 1968년 발견하여 반알렌대 혹은 반알렌 방사선대로 명명하게 되었다.

● 신틸레이션

전파가 통과하는 지역의 전리권 전자밀도가 갑작스럽게 변화하면 전파 신호의 진폭이나 위상에 급격한 변화가 일어남으로 말미암아 통신의 질이 심각하게 저하되는 현상을 말한다.

● 오로라 제트전류

오로라 타원체를 따라서 흐르는 전류로 극지방의 지자기변화의 원인이 된다. 아침과 밤 영역에서는 서쪽으로 전류가 흐르며 오후부터 초저녁 영역에서는 동쪽으로 흐른다. 전류가 흐르는 높이는 100~115km 정도로 주로 전리권 E 층의 높이에 해당된다.

● 오로라 타원체

오로라는 지자기극을 중심으로 원형에 가까운 띠의 형태로 분포한다. 낮 영역은 극으로부터 약 15도, 밤 영역은 약 23도 정도 떨어져 있으며, 밤 영역에 훨씬 밝고 넓게 분포한다. 오로라는 이 타원체 상에서 가장 잘 관측된다. 그리고 지자기활동이 증가하면 타원체는 팽창하여 위도가 낮은 지역에서도 오로라의 관측이 가능하다.

◉ 우주기상예보

태양활동이 증가하면 플레어나 CME가 많이 발생한다. 이들의 발생을 예측하고 발생 후 이동 경로를 계산하여 지구에 영향을 미칠 것으로 예상되면 적절한 경보를 발행한다. 특히 이들로 인하여 대규모 자기폭풍이 발생할 시에 인공위성, 송전선 등 인류의 사회기반시설에 어떠한 영향이 미칠지를 예상하고 이들을 보호하는데 필요한 조치를 취하도록 권고한다. 혹은 우주환경예보라고도 한다.

◉ 자기권

지구의 자기장은 하전입자에 대해서 하나의 장애물 구실을 한다. 따라서 하전입자로 구성된 태양풍이 지구에 도달하면 지구 표면에 도달하지 못하고 지구를 비켜 지나가면서 지구 주변에 거대한 공동을 만든다. 따라서 지구의 자기장은 이 공동 속에 한정되게 된다. 이러한 영역을 자기권이라 하며 태양 쪽은 뭉툭하지만 반대쪽은 혜성처럼 긴 꼬리의 형태를 나타낸다.

◉ 자기권 서브스톰

지자기교란은 보통 1~2시간 지속된다. 오로라 발생을 수반하며 또한 오로라 타원체를 따라 오로라 제트전류가 흐른다. 따라서 오로라가 목격되는 극지방에는 수천 nT의 지자기 변화를 경험한다. 서브스톰은 자기권에서 자기력선 재결합시 많은 하전입자가 오로라 디원체로 폭발적으로 쏟아져 들어오며 일어난다. 이로 인하여 오로라가 1~2시간에 걸쳐 화려하게 빛나는 현상을 오로라 서브스톰이라 부르지만 결국 자기권 서브스톰의 한 부수 효과라 할 수 있다.

◉ 자기력선 재결합

서로 반대쪽을 향하는 자기력선의 결합 과정을 말한다. 이를 통해서 일부 자기력선의 소멸과 더불어 형태의 변화가 일어난다. 자기력선의 소멸로 인하여 자기장이 가지고 있던 에너지가 방출되면서 플라스마의 운동 및 열 에너지로 변환된다. 자기력선의 재결합은 자기권 서브스톰, 태양 플레어 등이 발생시 플라스마가 에너지를 얻는 과정을 설명하기 위해서 도입되었다. 그러나 아직 해결되어야 할 부분이 남아 있는 학설이다.

용어설명

● 자기폭풍

자기폭풍은 플레어나 CME가 지구에 도달하여 전세계적으로 지자기 교란이 발생하는 기간을 말한다. 이 기간 중 오로라가 빈번히 발생하고 지구반경의 2~6배 거리의 자기권 적도 주위에 환전류가 발달하여 전세계적으로 지자기장의 감소를 유발한다. 이 기간 중 지상 및 우주에 설치된 여러 최첨단기기에 심각한 문제가 발생할 수 있다.

● 전리권

파장이 100nm 보다 짧은 태양의 극자외선으로 말미암아 지구의 고층대기 일부가 이온화되어 전자와 양이온이 풍부한 영역이 형성된다. 이 영역을 전리권이라 하며 극지방에서는 오로라를 일으키는 고에너지 전자에 의해서도 형성된다. 전자밀도가 제일 낮은 하층부를 D층, 그 다음 층을 E층, 그리고 전자밀도가 가장 높은 층을 F층이라 부른다. 주로 80에서부터 1000km의 고도 너머까지 분포해 있다. 전리권은 주파수가 300MHz 이하의 전파에 영향을 미치는 것으로 알려져 있다.

● 지구 자기장

지구는 쌍극자 형태의 자기장을 가지고 있으며, 그 축은 자전축에 약 11도 정도 기울어져 있다. 따라서 지구는 거대한 자기장 속에 놓여 있는 것과 같다. 적도상에서의 자기장의 세기는 약 3만2000nT인 반면 극지방은 6만2000nT정도이다. 지구의 자기장은 지자기변화로 알려진 단기간의 변화와 장기간에 걸쳐 서서히 변하는 영년변화가 있다.

● 지전류

오로라 제트전류가 흐르면 지상에 설치된 긴 도체, 예를 들면 송전선이나 송유관을 따라 유도전류가 발생한다. 이것을 지자기적으로 유도된 전류 혹은 지전류라 하며 직류 전류의 형태로 흐른다. 주로 지자기폭풍 기간 중에 발생하며 과도한 지전류의 흐름으로 전압기에 과부하를 일으켜 정전사태의 원인이 된다.

- GPS

  Global Positioning System의 약자로 약 20000km 상공에 수 십 개로 구성된 위성 군집이 지구주위를 공전하면서 위치측정 및 측량에 대한 정확한 정보를 제공해 준다.

- 총전자량TEC

  Total Electron Content의 약자로 특히 지상과 인공위성 사이에 있는 전리권 내의 총전자량을 의미한다. 전파는 전자밀도가 높은 층을 지나면 속도가 늦어지면서 굴절하게 되는데, 이때 발생하는 시간 지연은 곧 거리오차로 나타난다. 그래서 위성항법에서 TEC 변화를 고려하지 않으면 정확한 거리 측정이 어려워진다. 따라서 TEC의 급격한 변화는 항공기의 이착륙, 특히 착륙시 지대한 영향을 미치게 된다. TEC의 변화는 주로 태양과 지자기활동에 심각하게 영향을 받는다.

- 태양풍

  태양으로부터 하전입자와 자기장이 뿜어져 나와 태양풍을 형성시킨다. 통상 지구 궤도에서 태양풍의 속도는 약 400km/초 이고 밀도는 1㎤ 당 양성자과 전자가 각각 5개 정도이다. 그리고 행성간 자기장의 크기는 약 5nT 정도이다.

- 코로나

  태양의 최고층 대기영역으로 밀도는 매우 희박하고 온도는 백만 도를 웃돈다. 오로라 커튼을 바로 아래쪽에서 쳐다 보았을 때 나타나는 특별한 형태의 오로라를 지칭하는 용어로도 사용된다.

- 코로나그래프

  태양의 코로나는 매우 희미하기 때문에 개기일식 때나 관측이 가능하다. 그러나 망원경 속에서 밝은 광구를 차단시켜 인공적인 일식을 만들어 코로나를 관측할 수 있도록 특별히 고안된 망원경을 코로나그래프라고 한다.

용어설명

● 코로나 물질분출CME

태양의 코로나로부터 대규모로 방출되는 플라스마 덩어리. CME는 강력한 흑점주위에서 발생하며 플라스마 덩어리의 구조, 밀도 및 속도는 다양하다. 지구에 도달한 초고속의 대규모 CME는 심각한 자기폭풍을 일으킨다. 플레어와 같은 흑점군에서 동시에 발생하는 경우도 허다하다.

● 편각

지자기의 극과 지리상의 극이 일치하지 않기 때문에 나침반이 가리키는 북쪽이 일반적으로 지리상의 북극과 일치하지 않는다. 이 각을 편각이라 하며 지역에 따라 그 값이 다르다.

● 플라스마

전기적으로 도체의 성질을 나타낼 만큼 충분히 이온화가 된 기체로 자기장의 영향을 받는다. 주로 양이온과 전자로 구성되어 있으나 전기적으로는 중성이다. 전리권이 속해 있는 지구의 고층대기는 대부분 중성대기로 구성되어 있지만 극미량의 양이온과 전자의 존재로 인하여 플라스마로서의 성질을 발휘한다.

● 플라스마 진동수

플라스마를 구성하는 전자는 끊임없이 진동하고 있다. 그 진동수는 플라스마의 밀도가 증가하면 진동수 또한 증가한다. 그러므로 플라스마의 밀도가 주어지면 해당 플라스마의 고유한 진동수가 결정된다. 전리권의 플라스마 진동수는 특정한 파장의 전파가 전리권을 통과할 수 있는지를 결정하는 중요한 요소다.

● 플레어

태양 고층 대기가 수분에서 수시간에 걸쳐 대량의 에너지를 X선 및 EUV과 고에너지 하전입자의 형태로 방출하는 현상이다. 플레어가 지구에 도달하면 오로라를 위시하여 자기폭풍 등 다양한 현상이 발생한다. CME와 같은 흑점군에서 동시에 발생하는 경우도 허다하다.

● 행성간 자기장

태양의 상층대기인 코로나는 매우 희박하며 또한 고온으로 인해 완전히 이온화되어 있다. 이러한 플라스마는 방출될 때 태양의 자기장을 끌고 나오는 성질이 있다. 이렇게 태양을 떠나 행성간 공간으로 펴져 나간 자기장을 행성간 자기장이라고 한다.

● 환전류

자기폭풍 기간 중 자기권 서브스톰 등과 같은 과정을 통하여 자기권 꼬리에서부터 플라스마가 유입되면서 반알렌대 보다 바깥 쪽 자기권 적도 부근에 시계 방향으로 흐르는 환전류라 불리는 전류대가 형성된다. 이러한 전류의 흐름에 수반된 자기장은 지구의 자기장과 반대방향이어서 전지구적으로 자기장을 감소시키는 구실을 한다. 대규모의 자기폭풍 발생시 지구 자기장이 1% 정도 감소하는 경우도 있다.

● 흑점

흑점은 태양표면에서 주위보다 어두운 지역을 통칭하며 강력한 자기장을 수반하고 있다. 대부분의 플레어나 CME의 발생은 태양의 흑점주변에서 일어난다. 비록 가시광선영역에서는 주변의 광구에서 보다 에너지를 덜 방출하지만 엄청난 양의 에너지를 극자외선 영역에서는 방출하기 때문에 흑점 지역을 활동영역이라 부른다. 흑점은 보통 극성이 서로 다른 쌍 흑점의 형태로 나타나며 때에 따라서는 대규모의 그룹 형태로도 나타난다. 태양활동 극대기란 바로 흑점이 가장 많이 발생하는 기간을 의미한다.

참고 문헌

1   Akasofu, S.-I., Secrets of the Auroral Borealis, *Alaska Geographic*, Vol. 29, No. 1, 2002.

2   《고려사》, 김종서, 정인지 편저, 권 제47, 제48, 제49의 천문지, 권 제53, 제54, 제55의 오행시, 1451.

3   Yang, H. J., C. B. Park, and M. G. Park, Evidence of the solar cycle in the sunspot and aurora records of Goryo dynasty, *Publ. of Korean Astronomical Society*, 13, 181-208, 1998.

4   안병호, 《태양－지구계 우주환경》, 시그마프레스, 2009.

5   http://hesperia.gsfc.nasa.gov/sftheory/flare.htm

6   Richmond, A. D., "Thermospheric dynamics and electrodynamics", *Solar-Terrestrial Physics*, Edited by Carovillano, R. L. and J. M. Forbes, Vol. 103, 523-607, 1983.

7   Akasofu, S.-I. and S. Chapman, Magnetic storms: the simultaneous development of the main phase(DR) and of polar magnetic substorm(DP), *J. Geophys. Res.*, 68, 3155, 1963.

8   Kamide, Y., Interplanetary and magnetospheric electric fields during geomagnetic storms: What is more important, steady-state fields or fluctuating fields?, *J. Atmos. Solar-Terr. Phys.*, 63, 413-420, 2001.

9   National Research Council, Severe Space Weather Events – Understanding Societal and Economic Impacts Workshop Report, 145pp, Washington, D.C., 2008.

10   Tauri Group, State of the Satellite Industry Report, June, 2013.

11   International Commission on Radiological Protection. 1990 recommendations of the international Commission for Radiological Protection. New York: Elsevier Science; ICRP Publication 60; Annals of the ICRP21; 1991.

12   CENTRA Technology, Inc., Geomagnetic Storms, OECD/IFP Futures Project on "Future Global Shocks," Report IFP/WKP/FGS(2011)4, 69 pp, 2011.

그림출처 및 저작권

그림 1-1   장보고과학기지 1차 월동대 우주과학연구원 이창섭 제공.

그림 1-2   김상구 제공(http://www.starryphoto.co.kr)

그림 1-3   © Les Cowley(http://www.atoptics.co.uk/highsky/auror3.htm)

그림 1-4   김상구 제공(http://www.starryphoto.co.kr)

그림 1-5   © 2000~2014 Dirk Obudzinski.

그림 1-6   NASA 제공(http://www.mnn.com/ earth-matters/space/blogs/ watch-international-space-station-flies-over-aurora-australis).

그림 1-7   © 2000~2014 Dirk Obudzinski.

그림 1-8   © 2000~2014 Dirk Obudzinski.

그림 1-9   © 2000~2014 Dirk Obudzinski.

그림 1-10   김상구 제공(http://www.starryphoto.co.kr)

그림 1-11   Akasofu, Syun-Ichi, *Secrets of the Aurora Borealis*, Alaska Geographic Society, 2003, p.61.

그림 1-12   © 2013 Dirk Obudzinski.

그림 1-13   Courtesy of Univ. of Iowa 및 NASA.

그림 1-14   김상구 제공(http://www.starryphoto.co.kr)

그림 1-17   上出 洋介, 『オーロラ—太陽からのメッセージ』, 山と溪谷社, 1997, p120.

그림 1-18   © 2000~2014 Dirk Obudzinski.

그림 1-19   http://thornews.files.wordpress.com/2013/12/200-krone-note-norway.jpg https://snl.no/Kristian_Birkeland

그림 2-1   NASA 및 Rice University 역사학과제공.

그림 2-2   Global Warming Art.

그림 2-3   NJIT Big Bear Solar Observatory 제공.

그림 2-4, 그림 2-5, 그림 2-7, 그림 4-3, 그림 4-5, 그림 4-6, 그림 4-9 NASA 제공.

그림 2-6   한국천문연구원 박영득 제공.

그림 2-9   http://en.wikipedia.org/wiki/Solar_wind

그림 2-10   NASA와 ESA 제공.

그림 3-5   Richmond, A. D., "Thermospheric dynamics and electrodynamics", Solar-Terrestrial Physics, Edited by Carovillano, R. L. and J. M. Forbes, Vol. 103, 523-607, 1983의 그림을 수정.

그림 4-1   http://ns1763.ca/radio30/radio-first-30yrs.html

그림 4-3   http://www.esa.int/Our_Activities/Space_Engineering/ Electromagnetics_and_Space_Environment

그림 4-10   미국 기상학회 제공.

찾아보기

그림으로 보는 극지과학 3

극지과학자가 들려주는 오로라 이야기

지 은 이 | 안병호, 지건화

1판 1쇄 발행 | 2014년 11월 17일
1판 2쇄 발행 | 2021년 12월 6일

펴 낸 곳 | ㈜지식노마드
펴 낸 이 | 김중현
디 자 인 | design Vita

등록번호 | 제313-2007-000148호
등록일자 | 2007.7.10
주   소 | 서울시 마포구 양화로 133, 1702호(서교동, 서교타워)
전   화 | 02-323-1410
팩   스 | 02-6499-1411

이 메 일 | knomad@knomad.co.kr
홈페이지 | http://www.knomad.co.kr

가   격 | 12,000원

ISBN 978-89-93322-67-5   04450
ISBN 978-89-93322-65-1   04450(세트)